Jörg Siegert
Typenkompass
Panzer der NVA
1956–1990

Typen kompass

Jörg Siegert

Panzer der NVA

1956 bis 1990

Motor buch Verlag

Einbandgestaltung: Luis dos Santos

Fotos: Jörg Siegert, Wolfgang Donat, Helmut Hanske

Bildnachweis:
1.Privatarchive: Erhart Gerecke (37), Jörg Siegert (60), Benno Knorr (6), Dirk Caemerlynck (5), Helmut Hanske (4), Archiv TOM, Wilfried Kopenhagen (je 3), Olaf Schröder, Andre Junfhans, Ralf Sommer (2), Thomas Weißflog, Detlef Huß, Dieter Holtschke, Jürgen Plate, Arno Preuss, Klaus Piotrowski, Wolfgang Donat, Peter Wawra (je 1)
2.Bundesdienststellen: Traditionsverein Pionierbataillon-11 (10),
AG Militärhistorik Zeithain e.V. (3), Militärhistorisches Museum der Bundeswehr, Akademie der Bundeswehr für Information und Kommunikation (je 2), KSE-Katalog laut Vertrag über Konventionelle Streitkräfte in Europa 1990 – Deutschland (1),

Die teilweise geminderte Bildqualität ist auf das Alter der Abbildungen und die Umstände ihres Entstehens zurückzuführen.

IISBN 978-3-613-02954-5

2. Auflage 2011

Sie finden uns im Internet unter www.motorbuch-verlag.de

Lektorat: Joachim Köster
Innengestaltung: IPA, 75417 Mühlacker
Reproduktionen: digi Bild reinhardt, 73037 Göppingen
Druck und Bindung: Kessler Druck und Medien, 86399 Bobingen
Printed in Germany

Inhalt

Einführung

Bei den Arbeiten am vorliegenden Band ergab sich zwangsläufig die Frage nach einer folgerichtigen, dabei plausiblen Klassifizierung und Einteilung der vorgestellten Panzertechnik. Es schienen im Wesentlichen drei Gliederungsvarianten möglich: Die in den DMF (Deutsche Militärfahrzeuge – Bundeswehr und NVA) zur Anwendung gelangte Einteilung nach den Basisfahrzeugen hatte sich zwar als zweckmäßig erwiesen, sollte aber nicht noch einmal angewendet werden, da sie keine neuen Aspekte mehr bot. Weiterhin erschien eine Einteilung der Fahrzeuge nach ihrer Zugehörigkeit zu den jeweils verantwortlichen Waffengattungen, Spezialtruppen und Diensten zweckmäßig. Letztlich versprach die Übernahme der Gliederung des für den Panzerdienst der NVA grundlegenden Kataloges K 051/3/001 »Typen der Panzertechnik«, Ausgabe 1985, das beste Ergebnis. Um aber nicht nur den Panzerbestand der letzten Jahre der NVA abzubilden, wurde Panzertechnik aus früheren Ausgaben des genannten Kataloges mit aufgenommen. Zusätzlich berücksichtigt wurde Panzertechnik, die für die NVA quellenmäßig sicher belegt werden konnte. Daraus ergab sich eine Anzahl von über 360 darzustellenden Fahrzeugtypen, ein Umfang, der den Rahmen der beabsichtigten Publikation deutlich überstiegen hätte. Aus diesem Grunde musste an einigen Stellen reduziert und vereinfacht werden: Die dem Panzerdienst der NVA unterstehende Panzertechnik auf Spezial-Kfz sowie die strukturell dem Kfz-Dienst der NVA zugehörigen Basisfahrzeuge wurden deshalb nicht mit aufgenommen. Zusätzlich habe ich verschiedene Modernisierungen und Versionen, wo es vertretbar und logisch erschien, zusammengefasst.

Im Ergebnis fallen neben den Instandsetzungseinrichtungen und Werkstätten auf Spezial-Kfz auch die Raketen- und Fla-Raketensysteme auf Kfz-Technik, also der Fla-Raketen-Komplex OSA-AK sowie die taktischen Raketenkomplexe OKA, TOTSCHKA, LUNA M und ELBRUS weg. Außerdem erschien es weniger sinnvoll, sämtliche Führungsfahrzeuge, zum Beispiel auf Basis des mittleren Panzers T-55A, einzeln aufzuzählen.
Allerdings hätten die letztlich 134 darzustellenden verschiedenen Fahrzeuge noch deutlich den Umfang des ursprünglich beabsichtigten Einzelbandes gesprengt. Um so mehr Dank gebührt dem Verlag, dass er dem Thema zusätzlichen Raum zur Verfügung stellte. So können hier dem Leser zwei nach den Bereichen »Kettentechnik« und »Radtechnik« getrennte Bände zur Verfügung gestellt werden.

Dank

Dieser Kompass wäre ohne meinen Freund Erhart Gerecke nie erschienen. Ihm gilt mein besonderer Dank. Er stellte mir sein riesiges Archiv ohne Einschränkungen zur Verfügung.
Des Weiteren möchte ich mich bei meiner Ehefrau Doris bedanken. Besser als jedes Rechtschreib- und Grammatikprogramm hat sie mit viel Geduld und Fleiß Korrektur gelesen.
Ebenso gebührt Herrn Lutz Gau mein Dank für seine kreativen Ideen und Zuarbeiten. Auch möchte ich mich bei all jenen bedanken, die ihr Bildmaterial zur Verfügung stellten und damit zum Gelingen dieses Buches beitrugen.

Potsdam im Sommer 2008,
Jörg Siegert

Mittlerer Panzer T-34/76

In den Einheiten der HVA, KVP und NVA wurden Panzer der Modelle 1940 bis 1942 für Ausbildungszwecke eingesetzt. Die Turmform und die Bewaffnung ließen auf das jeweilige Modell bzw. Produktionsjahr schließen. Die Panzer vom Modell 1940 waren mit der 76,2-mm-Kanone L-11, einem geschweißten Turm und einer Saukopfblende ausgerüstet. Die Panzer Modell 1941 erhielten die 76,2-mm-Kanone F-34 und einen aus zwei gegossenen Teilen verschweißten Turm. Ab diesem Modell wurde auch die Fahrerluke verstärkt. Mit dem Modell 1942 erhielten die Panzer einen neuen sechseckigen Gussstahlturm mit zwei Lukendeckeln. Die Gefechtsmasse stieg von Modell 1940 mit 26 Tonnen auf 28,5 Tonnen beim Modell 1942. Führungsfahrzeuge des Modells 1942 erhielten ab 1943 eine Kommandantenkuppel mit zweigeteiltem Lukendeckel und Rundblickperiskop.

Einführungszeitraum	1949–1952
Gefechtsmasse (t)	28,5
Besatzung	4
Abmessung L/B/H (mm)	6750 x 3000 x 2600
Bodenfreiheit (mm)	400
Kanone	F-34 76,2
Panzer-MG	2 x DTM 7,62
Kampfsatz Hauptbewaffnung	65
Watfähigkeit (m)	1,3
Fahrbereich Str./Gel.(km)	300/150
Höchstgeschwindigkeit (km/h)	55
Steigfähigkeit (Grad)	35
Bezeichnung Motor	W-2-34
Typ Motor	4-Takt-Diesel/V-12
Leistung (PS/kW)	450/330
Hubraum (l)	38,88
Kraftstoffvorrat gesamt (l)	840
Kühlung	Wasser/Lüfter
Federung	Schraubenfedern

T-34/76 Modell 1940, der geschweißte Turm und die sogenannte Saukopfblende kennzeichnen dieses Modell.

T-34/76 Modell 1941, der Turm ist gegossen und die Walzenblende im Aufbau verändert.

T-34/76 Modell 1942, mit neuem geschweißtem sechseckigen Turm und Kommandantenluke. Dieser Panzer steht in Berlin-Tempelhof am sowjetischen Ehrenmal nahe dem Brandenburger Tor.

T-34/76 Modell 1942, diese Aufnahmen entstanden 1958.

Mittlerer Panzer T-34/85

Ab 1944 erhielt der T-34 die neue 85-mm-Panzerkanone SIS-S-53 und damit auch die Bezeichnung T-34/85. Dazu musste der Turm verändert werden, er erhielt eine Kommandantenkuppel und zwei dahinter liegende Lüfter. Die Gefechtsmasse nahm um fast 4 Tonnen zu. In der NVA wurden T-34/85 der Modelle 1944 und 1945 genutzt. Äußerlich sind beide Modelle an der Anordnung der beiden Turmlüfter zu unterscheiden.

Die NVA erhielt 1955 und 1956 mehrere T-34/85 aus polnischer Produktion. Diese Panzer hatten eine leicht geänderte Turmform, der Wannenbug wurde konstruktiv verändert. Die Oberflächen von Wanne und Turm waren sauberer gewalzt, die Schweißnähte fehlerlos gefertigt. Sämtliche Panzer waren bereits mit den moderneren Funkgeräten 10-RT-26E und den Bordsprechanlagen TPU-47 ausgerüstet.

Einführungszeitraum	1952–1961
Gefechtsmasse (t)	32
Besatzung	4
Abmessung L/B/H (mm)	8100 x 3000 x 2700
Bodenfreiheit (mm)	400
Kanone	SIS-S-53 85
Panzer-MG	2 x DTM 7,62
Kampfsatz Hauptbewaffnung	60
Watfähigkeit (m)	1,3
Fahrbereich Str./Gel. (km)	300/250
Höchstgeschwindigkeit (km/h)	48,3
Steigfähigkeit (Grad)	30
Bezeichnung Motor	W-2-34M
Typ Motor	4-Takt-Diesel/V-12
Leistung (PS/kW)	500/367
Hubraum (l)	38,88
Kraftstoffvorrat gesamt (l)	635
Kühlung	Wasser/Lüfter
Federung	Schraubenfedern

T-34/85 Modell 1944; gut erkennbar sind am Turmende die beiden Lüfterkuppen.

Die NVA unternahm Ende der 50er Jahre verschiedene Versuche, den Kampfwert des T-34/85 zu erhöhen. Da der Panzer keine Vorwärmanlage besaß, erhielten verschiedene Panzer einen, am Heck zu montierenden, kleinen Ofen. Dieser wurde unter den Motorraum gestellt und befeuert. Die aufsteigende heiße Luft heizte den Motor auf oder hielt ihn auf Betriebstemperatur.
Im September 1957 unternahm die NVA Versuche, mit einem Panzer T-34/85 ein Wasserhindernisse mit Hilfe einer Unterwasserfahr-Ausrüstung zu überwinden. Obwohl erfolgreich getestet, fand dieser Modernisierungsschritt keinen Eingang in die Ausrüstung.

T-34/85 Modell 1944 für das Überwinden eines Wasserhindernisses vorbereitet.

Polnischer T-34/85 mit am Heck montiertem Ofen.

T-34/85 Modell 1945, ein Lüfter befindet sich vor und einer hinter der Kommandantenkuppel. Dieser Panzer wurde für Schwimmversuche vorbereitet.

Ein polnischer T-34/85: die Oberflächen von Wanne und Turm weisen eine bessere Qualität auf als die im Krieg gefertigten sowjetischen Panzer.

Mittlerer Panzer T-34/85m

Die Modernisierung des T-34/85 war Mitte der 50er, Anfang der 60er Jahre unumgänglich. Der Einbau eines Vorwärmers und einer Feuerlöschanlage, die einheitliche Ausstattung mit einer 24-V-Anlage und dem Funkgerät R-113/26 sowie der Einsatz eines neuen Luftfilters seien hier genannt. Äußerlich war der modernisierte Panzer T-34/85m am großen Kasten am Turm für die persönliche Ausrüstung der Besatzung und an zwei Rollreifenfässern am Heck erkennbar. An der Wanne wurden Pioniergeräte, Werkzeuge und Kisten für Ersatzteile befestigt. Auf Basis der modernisierten Panzer rüsteten die Panzerwerkstätten der NVA etwa 100 Panzer zu Führungsfahrzeugen T-34/85m(K) für Bataillons-Kommandeure um. Die Munition in der Turmnische wurde gegen ein zweites Funkgerät ausgetauscht.

Modernisierungszeitraum	1961–1965
Gefechtsmasse (t)	32
Besatzung	4
Abmessung L/B/H (mm)	8100 x 3000 x 2700
Bodenfreiheit (mm)	400
Kanone	SIS-S-53 85
Panzer-MG	2 x DTM 7,62
Kampfsatz Hauptbewaffnung	56
Watfähigkeit (m)	1,3
Fahrbereich Str./Gel. (km)	380/320
Höchstgeschwindigkeit (km/h)	50
Steigfähigkeit (Grad)	30
Bezeichnung Motor	W-2-34M
Typ Motor	4-Takt-Diesel/V-12
Leistung (PS/kW)	500/367
Hubraum (l)	38,88
Kraftstoffvorrat gesamt (l)	945
Kühlung	Wasser/Lüfter
Federung	Schraubenfedern

T-34/85m, komplett ausgerüstet.

Schwerer Panzer IS-2

Der schwere Panzer IS-2 kam in zwei Versionen in die Einheiten der KVP und später in die NVA, als IS-2 Modell 1943 und als IS-2 Modell 1944.
Mit der 122-mm-Panzerkanone, eine halbautomatische Waffe mit Flachkeilverschluss und Zweikammernmündungsbremse, konnten Ziele bis 5000 m, beim artilleristischen Schießen bis 15 km, bekämpft werden. Neben drei MG gehörte ein Fla-MG, bedient durch den Ladeschützen, zur Ausrüstung des Panzers. Ein Stützrollenlaufwerk mit Drehstabfederung und neue Antriebskomponenten verliehen dem IS-2

Einführungszeitraum	1952
Gefechtsmasse (t)	46
Besatzung	4
Abmessung L/B/H (mm)	9830 x 3070 x 2735
Bodenfreiheit (mm)	465
Kanone	D-25T 122
Fla-MG	DSchK 12,7
Panzer-MG	3 x DTM 7,62
Kampfsatz Hauptbewaffnung	28
Watfähigkeit (m)	1,3
Fahrbereich Str./Gel. (km)	300/270
Höchstgeschwindigkeit (km/h)	37
Steigfähigkeit (Grad)	36
Bezeichnung Motor	W-2-34M
Typ Motor	4-Takt-Diesel/V-12
Leistung (PS/kW)	520/382
Hubraum (l)	38,88
Kraftstoffvorrat gesamt (l)	790
Kühlung	Wasser/Luft
Federung	Drehstab

IS-2 Modell 1943: der Platz des Fahrers befindet sich in der Bugmitte der Wanne.

eine gute Geländegängigkeit. Die Bugpanzerung der Wanne betrug bis 160 mm, die des Turmes bis 100 mm. Zur Verbesserung der Beschussfestigkeit des Wannenbugs erhielt der Fahrer ab 1944 anstelle einer Beobachtungsluke einen Sehschlitz mit zwei Winkelspiegeln. Auch die Seitenwände der Wanne wurden verändert, sie zogen sich, nach unten abgeschrägt, über die halbe Breite der Kettenabdeckung.

IS-2 Modell 1944: die verbesserte Bugform der Wanne ist gut erkennbar.

Mittlerer Panzer T-54

Einführungszeitraum	1957
Gefechtsmasse (t)	36
Besatzung	4
Abmessung L/B/H (mm)	9000 x 3270 x 2400
Bodenfreiheit (mm)	425
Kanone	D10T 100
Fla-MG	DschK 12,7
Panzer-MG	2 x SGMT 7,62
Kampfsatz Hauptbewaffnung	34
Watfähigkeit (m)	1,4
Fahrbereich Str./Gel. (km)	400/260
Höchstgeschwindigkeit (km/h)	50
Steigfähigkeit (Grad)	30
Bezeichnung Motor	W-54
Typ Motor	4-Takt-Diesel/V-12
Leistung (PS/kW)	520/382
Hubraum (l)	38,88
Kraftstoffvorrat gesamt (l)	722
Kühlung	Wasser / Lüfter
Federung	Drehstab

Der erste Nachkriegspanzer, den die NVA von der Sowjetunion erhielt, war der mittlere Panzer T-54. Durch die Queranordnung des Motors wurde der Motorraum verkürzt und der halbsphärische Turm ohne Fangstellen in die Mitte der Wanne versetzt. So konnte die Fahrerluke auf das Wannendach verlegt werden, was die Beschussfestigkeit der Wanne verbesserte. Die 100-mm-Panzerkanone ohne Ejektor verbesserte die Feuerkraft gegenüber den Vorgängern erheblich. Die Ladeschützenluke erhielt einen Drehkranz für die Aufnahme des Fla-MG. Bis 1978 wurde der Panzer T-54 unter anderem mit einer Infrarot-Nachtschießanlage, einer Unterwasserfahrausrüstung und einer Thermonebelanlage nachgerüstet. Zur Unterbringung dieser Anlagen mussten auf der Kettenabdeckung und am Turm neue Transportbehälter befestigt werden. In den Panzerwerkstätten der NVA wurden Versionen von Führungspanzern für den Kompaniechef T-54 (K1) und für den Bataillonskommandeur T-54 (K2) entwickelt und umgerüstet.

Der Urzustand des T-54. Wichtigstes Erkennungsmerkmal ist die Kanone ohne Ejektor.

Der Modernisierung des Panzers T-54 war eine der wesentlichen Aufgaben des Reparaturwerkes Brandenburg Ende der 60er Jahre. Die Realisierung dieser Arbeit erfolgte im Rahmen der industriellen Instandsetzung oder in Soloverfahren. Die Möglichkeit, ein Wasserhindernis durch Unterwasserfahrt zu überwinden, nahm dabei einen großen Raum ein. Neben den genannten Modernisierungen wurden sämtliche T-54 mit Aufnahmevorrichtungen für die Anbaugeräte Planierschild BTU-55, Minenräumgeräte PT-55 und KMT-5 ausgestattet.

T-54 mit aufgebauter UF-Ausrüstung nach Verlassen des Wasserhindernisses.

T-54, komplett nachgerüstet.

Mittlerer Panzer T-54A und T-54AM

Einführungszeitraum	1959–1964
Gefechtsmasse (t)	36
Besatzung	4
Abmessung L/B/H (mm)	9000 x 3270 x 2400
Bodenfreiheit (mm)	425
Kanone	D10TG 100
Fla-MG	DschK 12,7
Panzer-MG	2 x SGMT 7,62
Kampfsatz Hauptbewaffnung	34
Watfähigkeit (m)	1,4
Fahrbereich Str./Gel. (km)	720/390
Höchstgeschwindigkeit (km/h)	50
Steigfähigkeit (Grad)	30
Bezeichnung Motor	W-54
Typ Motor	4-Takt-Diesel/V-12
Leistung (PS/kW)	520/382
Hubraum (l)	38,88
Kraftstoffvorrat gesamt (l)	1370
Kühlung	Wasser/Lüfter
Federung	Drehstab

Der Nachfolger des T-54, geliefert aus Polen, erhielt als erster Panzer eine serienmäßige Ausrüstung für die Unterwasserfahrt (UF-Ausrüstung) und einen vertikalen Stabilisator für die Kanone. Das Kanonenrohr wurde an der Rohrmündung mit einem Ejektor zum Absaugen der bei Abgabe eines Schusses entstehenden Pulvergase versehen. Vor der Ladeschützenluke befand sich im Turmdach ein Lüfter, mit dem die Luft aus dem Kampfraum abgesaugt werden konnte. Der Lüfter erzeugte im Panzer einen geringen Überdruck, der das Eindringen von vergifteter Luft verhinderte. Mit dem Modell T-54AM verbesserte sich die UF-Ausrüstung durch den Einsatz von UF-Klappen zur Abdeckung des Triebwerkraumes erheblich. Durch den Einbau einer Nachtschießanlage und die Vereinheitlichung der UF-Anlage für sämtliche T-54-Versionen sollten diese Panzer den Anforderungen der 60er und 70er Jahre gerecht werden. Für Kompaniechefs und Bataillonskommandeure wurden in den Panzerwerkstätten der NVA Führungspanzer umgerüstet.

T-54A und T-54AM: Ejektor an der Kanone, ein Lüfter vor der Ladeschützenluke und Kisten an der linken Turmseite.

Mittlerer Panzer T-55

Einführungszeitraum	1964–1967
Gefechtsmasse (t)	36
Besatzung	4
Abmessung L/B/H (mm)	9000 x 3270 x 2350
Bodenfreiheit (mm)	425
Kanone	D10T2S 100
Fla-MG	-
Panzer-MG	2 x SGMT 7,62
Kampfsatz Hauptbewaffnung	43
Watfähigkeit (m)	1,4
Fahrbereich Str./Gel. (km)	650/380
Höchstgeschwindigkeit (km/h)	50
Steigfähigkeit (Grad)	32
Bezeichnung Motor	W-55
Typ Motor	4-Takt-Diesel/V-12
Leistung (PS/kW)	580/426
Hubraum (l)	38,88
Kraftstoffvorrat gesamt (l)	1360
Kühlung	Wasser/Lüfter
Federung	Drehstab

Der mittlere Panzer T-55 war äußerlich am Wegfall des Turmlüfters vor der Ladeschützenluke und das Fehlen des Fla-MG zu erkennen. Diesen Panzer erhielt die NVA aus der CSSR und aus Polen. Die in zwei Ebenen stabilisierte und serienmäßig für den Nachtkampf ausgerüstete Bewaffnung zeichnete diesen Panzer vor allem aus. Aber auch eine UF-Ausrüstung gehörte zum Equipment. Die NVA rüstete die ersten Panzer T-55 mit Halterungen für Pionier-Anbaugeräte, wie das Minenräumgerät KMT-5 oder KMT-6 sowie das Planierschild BTU-55, aus. Eine erhebliche Verbesserung für die Besatzung stellte der Einbau einer Drehbühne dar. Standardmäßig gehörte zum Panzer eine Feuerlösch- und eine Kernwaffenschutzanlage sowie eine Thermonebelanlage. Das Reparaturwerk Neubrandenburg rüstete verschiedene Führungspanzer für Kompaniechefs und Bataillonskommandeure um.

T-55: das Fla-MG und seine Halterung an der Ladeschützenluke fehlen, der Lüfter vor der Luke wich einem Winkelspiegel für den Ladeschützen.

Sämtliche Panzer wurden sukzessiv für den Anbau der Planiereinrichtung BTU-55 und das Minenräumgerät KMT-5 vorbereitet. Dazu wurden am Wannenbug Halterungen für diese Anbaugeräte angeschweißt. Das Planierschild konnte hydraulisch oder mechanisch gehoben oder gesenkt werden. Dabei waren Einschnitttiefen unter der Kettenauflagefläche bis 400 mm möglich. Mit dem KMT-5 konnten Minen nach dem Prinzip der Druckwirkung geräumt werden, außerdem wurden Minen mit Knickzündern ausgelöst. Die Masse des KMT-5 betrug rund 7500 kg und stellte damit eine große Belastung für den Räumpanzer dar. Vor allem die Kupplung und die vorderen Laufrollen litten unter der Belastung. Deshalb wurden die meisten Teile des Minenräumgerätes abgebaut und auf einem LKW verlastet. Der Anbau der verlasteten Teile dauert je nach Ausbildungsstand der Besatzung bis zu 50 min.

T-55 mit Planiereinrichtung BTU-55, das Planierschild befindet sich in Marschstellung.

T-55 mit komplett angebautem Minenräumgerät KMT-5.

Mittlerer Panzer T-55A und T-55AM

Ein modernisierter Strahlenschutz an Fahrer- und Kommandantenluke und der Wegfall des Fahrer-MG kennzeichneten äußerlich die Version T-55A. Auch ein neues Panzer-MG, das PKT, kam zum Einsatz. Mit der Einführung des Nachfolgers, dem T-55AM, gehörte auch das Fla-MG mit veränderter Ladeschützenluke wieder zur Ausstattung. Durch verschiedene Modernisierungsmaßnahmen waren Unterscheidungen zwischen den einzelnen Versionen kaum noch möglich. Führungspanzer für Kompaniechefs – T-55A (K1) und Bataillonskommandeure – T-55A (K2), aber auch für Regimentskommandeure – T-55A (K3) wurden aus der CSSR oder Polen importiert. Zur Ausrüstung des T-55A (K3) gehörten ein Halbteleskopmast HTM-10 und ein Stromversorgungsaggregat an der Motortrennwand.

Einführungszeitraum	1967–1980
Gefechtsmasse (t)	36
Besatzung	4
Abmessung L/B/H (mm)	9000 x 3270 x 2350
Bodenfreiheit (mm)	425
Kanone	D10T2S 100
Fla-MG	DSchK 12,7
Panzer-MG	PKT 7,62
Kampfsatz Hauptbewaffnung	43
Watfähigkeit (m)	1,4
Fahrbereich Str./Gel. (km)	650/380
Höchstgeschwindigkeit (km/h)	50
Steigfähigkeit (Grad)	32
Bezeichnung Motor	W-55
Typ Motor	4-Takt-Diesel/V-12
Leistung (PS/kW)	580/426
Hubraum (l)	38,88
Kraftstoffvorrat gesamt (l)	1360
Kühlung	Wasser/Lüfter
Federung	Drehstab

Eine Führungsmaschine auf Basis T-55A: der Halbteleskopmast HTM-10 ist aufgebaut.

Mit Hilfe der Ausrüstung für die Unterwasserfahrt, der UF-Ausrüstung, konnten ohne lange Vorbereitungszeiten Wasserhindernisse von bis zu fünf Metern Tiefe und 1000 Metern Breite durchfahren werden. Ein Teil der UF-Ausrüstung befand sich ständig angebaut am Fahrzeug. Ein weiterer Teil wurde am Panzer mitgeführt und musste kurz vor dem Passieren des Hindernisses angebaut werden. Im Rahmen der Gefechtsausbildung durchfuhren die Panzerbesatzungen das Wasserhindernis zuerst mit einem (an Stelle der Ladeschützenluke aufgebautem) Notausstiegsrohr. Danach wurde das Passieren des Hindernisses mit der eigentlichen UF-Ausrüstung trainiert.

T-55A beim Passieren eines Wasserhindernisses mit aufgebautem Notausstiegsrohr.

T-55A mit komplett aufgebauter UF-Ausrüstung. Das Luftzuführungsrohr wurde an Stelle des Ladeschützenwinkelspiegels aufgesetzt.

Mittlerer Panzer T-55AM2 und T-55AM2B

Eine Möglichkeit, die Kampfeigenschaften des technisch überholten T-55A zu erhöhen, wurde durch eine Grundmodernisierung von etwa 250 Panzern erreicht. Äußerlich an der Zusatzpanzerung an Bug und Turm, an Seitenschürzen und einer Rohrschutzhülle für die Kanone erkennbar, verfügte der modernisierte Panzer T-55AM2 über eine Feuerleit- und Laserwarnanlage und unter anderem über die Nebelgranat-Verschussanlage »TUTSCHA« mit 8 Rohren. Die Version T-55AM2B erhielt zusätzlich den Lenkwaffenkomplex 9K116 »BASTION«, mit dem die Rakete 9M117 verschossen werden konnte, erkennbar am Zielfernrohr-Richtgerät 1K13 »BOM«, das anstelle des Infrarot-Zielfernrohres eingebaut war. Auf der Basis dieser Panzer wurden auch verschiedene Führungsfahrzeuge den Einheiten zugeführt.

Modernisierungszeitraum	1986–1989
Gefechtsmasse (t)	41,5
Besatzung	4
Abmessung L/B/H (mm)	9000 x 3600 x 2640
Bodenfreiheit (mm)	330
Kanone	D10T2S 100
Fla-MG	DSchK 12,7
Panzer-MG	PKT 7,62
Kampfsatz Hauptbewaffnung	38
Watfähigkeit (m)	1,4
Fahrbereich Str./Gel. (km)	545/330
Höchstgeschwindigkeit (km/h)	50
Steigfähigkeit (Grad)	32
Bezeichnung Motor	W-55U
Typ Motor	4-Takt-Diesel/V-12
Leistung (PS/kW)	615 450
Hubraum (l)	38,88
Kraftstoffvorrat gesamt (l)	1360
Kühlung	Wasser/Lüfter
Federung	Drehstab

T-55AM2, gut zu erkennen an der Zusatzpanzerung an Turm und Wanne. Bestandteil der Feuerleiteinrichtung ist ein Laserentfernungsmesser über der Kanone, dahinter die Laserwarnanlage.

Schlepper für Katastrophenfälle auf Basis der mittleren Panzer T-54 und T-55

Eine Bezeichnung haben diese auf der Basis des T-54 und T-55 aufbauende Fahrzeuge nie erhalten. Durch die Außerdienststellung von 6 Panzerregimentern 1989 und den dazugehörigen 600 Panzern ergab sich für die DDR einerseits die Möglichkeit, Panzer zu verschrotten oder sie andererseits, demilitarisiert in der Wirtschaft zu verwenden. Aus dieser Möglichkeit heraus entstand die Idee, einige mittlere Panzer als Schlepper im Havariefall oder bei Katastrophen, wie Eisenbahnunglücken oder Waldbränden, einzusetzen. Sie sollten an zentralen Stellen auf dem Territorium der DDR stationiert und gewartet werden, um im Notfall schnell an Ort und Stelle zu sein. Gleichzeitig kamen sie in den abgerüsteten Einheiten als diensthabendes Bergemittel zum Einsatz. Für diesen Zweck kamen T-54 und T-55, die in der PW-2 umgerüstet wurden, in Frage. Anfang 1990 reduzierte die PW-2 zwei Serien von je 15 Panzern zu Bergemitteln und Schleppern. Dabei wurden auch fünf T-54 verwendet.

Schlepper auf Basis T-54, die Bewaffnung und Zielfernrohr wurden ausgebaut, die dadurch entstandenen Öffnungen verschweißt.

Mittlerer Panzer T-72

Neu beim T-72 war die Turmform, die gegenüber dem T-55A eine Gesamthöhe von nur 2190 mm ermöglichte. Es kam eine neue Wanne mit Stützrollenlaufwerk und abklappbaren Schürzen sowie einem mittig angeordneten Fahrerplatz zum Einsatz. Als Hauptbewaffnung fand eine 125-mm-Glattrohrkanone mit Wärmeschutzhülle Verwendung. Mit Hilfe eines optischen Entfernungsmessers konnten Entfernungen gemessen und Ziele angerichtet werden. Eine geringe Anzahl dieser Panzer war schon mit einem Laserentfernungsmesser ausgerüstet. Als Fla-MG kam das neue 12,7-mm-Fla-MG NSWT zum Einsatz. Ebenfalls neu beim T-72 war der direkte Anschluss der zwei Rollreifenfässer an die Kraftstoffanlage. Nach der Einführung verbesserter Versionen des Panzers wurden sämtliche T-72 unter anderem mit durchgehenden Seitenschürzen, einem Laserentfernungsmesser und einer Nebelgranat-Verschussanlage nachgerüstet. Der T-72 wurde, wie auch die Führungsversionen für KC und K-PB, aus der UdSSR, der CSSR und aus Polen importiert.

Einführungszeitraum	1978–1985
Gefechtsmasse (t)	41
Besatzung	3
Abmessung L/B/H (mm)	9530 x 3460 x 2190
Bodenfreiheit (mm)	428
Kanone	D81TM 125
Fla-MG	NSWT 12,7
Panzer-MG	PKT 7,62
Kampfsatz Hauptbewaffnung	39
Watfähigkeit (m)	1,2
Fahrbereich Str./Gel. (km)	650/420
Höchstgeschwindigkeit (km/h)	60
Steigfähigkeit (Grad)	30
Bezeichnung Motor	W-46
Typ Motor	4-Takt-Vielstoff/V-12
Leistung (PS/kW)	780/575
Hubraum (l)	38,88
Kraftstoffvorrat gesamt (l)	1600
Kühlung	Wasser/Lüfter
Federung	Drehstab

T-72 mit optischem Entfernungsmesser und abklappbaren Schürzen.

Mittlerer Panzer T-72M

Der ab 1983 gelieferte mittlere Panzer T-72M zeichnete sich durch die Verwendung eines Laserentfernungsmessers, durchgehenden Seitenschürzen, den neuen Motor W-46-6 und den Anbau einer Nebelgranat-Verschussanlage am Bug des Turmes aus. Die zwischen 1981 bis 1983 gelieferten sogenannten »Übergangsversionen« verfügten schon über die neuen Seitenschürzen und Laserentfernungsmesser, komplett erhielt die NVA den T-72M aber erst ab 1983. Auch vom T-72M importierte die DDR Führungsversionen für KC und K-PB. Dabei erhielten beide Versionen ein zweites Funkgerät, das Führungsfahrzeug des K-PB zusätzlich einen HTM-10, der am Heck des Turmes befestigt war. Sämtliche T-72-Versionen waren in der Lage, das Minenräumgerät KMT-6 am Bug anzubauen.

Einführungszeitraum	1985–1986
Gefechtsmasse (t)	41,5
Besatzung	3
Abmessung L/B/H (mm)	9530 x 3370 x 2190
Bodenfreiheit (mm)	470
Kanone	D81TM 125
Fla-MG	NSWT 12,7
Panzer-MG	PKT 7,62
Kampfsatz Hauptbewaffnung	44
Watfähigkeit (m)	1,2
Fahrbereich Str./Gel. (km)	650/420
Höchstgeschwindigkeit (km/h)	60
Steigfähigkeit (Grad)	30
Bezeichnung Motor	W-46-6
Typ Motor	4-Takt-Vielstoff/V-12
Leistung (PS/kW)	780/575
Hubraum (l)	38,88
Kraftstoffvorrat gesamt (l)	1600
Kühlung	Wasser/Lüfter
Federung	Drehstab

T-72M, erkennbar an den durchgehenden Seitenschürzen und der Nebelgranat-Verschussanlage.

T-72 mit Minenräumgerät KMT-6M2.

T-72M (K), Führungsfahrzeug des Bataillonskommandeurs, hier ein Fahrzeug der russischen Streitkräfte.

Mittlerer Panzer T-72M1

Gegenüber der Grundversion erhielt die Version T-72 M1 eine Zusatzpanzerung auf der oberen Bugplatte und eine verstärkte Turmfrontpanzerung, bei der zwischen der äußeren und inneren Panzerung in einer »Tasche« Sonderpanzerungsmaterial eingebracht wurde. Die Befestigung der Stützrollen wurde verstärkt, neue hydraulische Schwingungsdämpfer kamen zum Einsatz. Natürlich erhielt die NVA auch von dieser Version Führungspanzer für KC und K-PB.

Einführungszeitraum	1987–1989
Gefechtsmasse (t)	43
Besatzung	3
Abmessung L/B/H (mm)	9530 x 3370 x 2190
Bodenfreiheit (mm)	470
Kanone	D81TM 125
Fla-MG	NSWT 12,7
Panzer-MG	PKT 7,62
Kampfsatz Hauptbewaffnung	44
Watfähigkeit (m)	1,2
Fahrbereich Str./Gel. (km)	650/420
Höchstgeschwindigkeit (km/h)	70
Steigfähigkeit (Grad)	30
Bezeichnung Motor	W-46-6
Typ Motor	4-Takt-Vielstoff/V-12
Leistung (PS/kW)	780/575
Hubraum (l)	38,88
Kraftstoffvorrat gesamt (l)	1600
Kühlung	Wasser/Lüfter
Federung	Drehstab

T-72M1, unter der Nebelgranat-Verschussanlage am Turm kann man die Zusatzpanzerung erahnen, die Zusatzpanzerung am Wannenbug ist gut zu erkennen.

Die Bundeswehr unternahm Mitte der 90er Jahre Beschussversuche mit ausgesonderten Panzern T-72M1. Dabei sollte ermittelt werden, ob die Panzerbewaffnung der Bundeswehrpanzer die Frontpanzerung von Wanne und Turm des T-72M1 durchschlagen könne.

Die 16-mm-Zusatzpanzerung wurde problemlos mit Unterkalibergranaten / KE-Munition durchschlagen. Mit dem Auftreffen auf die massive Wannenpanzerung wurde ein Teil der Aufschlagenergie nach oben abgelenkt und riss die Zusatzpanzerung auf.

Linke Turmseite des T-72 M1 nach Beschuss mit MZ-Munition.

Schützenpanzer BMP-1SP1

Der Schützenpanzer BMP-1SP1 stellte eine Synthese aus leichtem Panzer, Panzerabwehrlenkraketen-Träger (PALR-Träger) und Mannschaftstransporter dar. Kraftübertragung und Motor befanden sich im Bug, die Besatzung konnte das Fahrzeug durch zwei Hecktüren gedeckt verlassen. Das Stützrollenlaufwerk verlieh dem SPz eine hohe Geländegängigkeit, die Glattrohrkanone mit Ladeautomatik verschoss flügelstabilisierte Panzergranaten. Die aufgesessenen Mot.-Schützen konnten durch jeweils vier Luken an jeder Wannenseite das Feuer mit der persönlichen Waffe führen. Fahrer und Kommandant saßen hintereinander im Bug, der Richtlenkschütze führte das Feuer mit Kanone, MG und PALR aus dem Turm. Der Schützenpanzer konnte mit geringen Vorbereitungen Wasserhindernisse schwimmend überwinden.

Einführungszeitraum	1968–1971
Gefechtsmasse (t)	12,6
Besatzung	10
Abmessung L/B/H (mm)	6500 x 2850 x 1960
Bodenfreiheit (mm)	410
Kanone	2A28 73
PALR	9M14M »MALJUTKA«
Panzer-MG	PKT 7,62
Kampfsatz Hauptbewaffnung	40
Watfähigkeit (m)	schwimmfähig
Fahrbereich Str./Gel. (km)	600/400
Höchstgeschwindigkeit (km/h)	65
Steigfähigkeit (Grad)	32
Bezeichnung Motor	UTD-20
Typ Motor	4-Takt-Diesel/V-6
Leistung (PS/kW)	290/213
Hubraum (l)	15,9
Kraftstoffvorrat gesamt (l)	460
Kühlung	Wasser/Ejektor
Federung	Drehstab

BMP-1SP1: der Wellenabweiser für die Wasserfahrt ist aufgeklappt, auf der Kanone die von innen zu ladende PALR.

Schützenpanzer BMP-1SP2

Der BMP-1SP2 sollte für die Mot.-Schützen in den 70er und 80er Jahren das Hauptkampfmittel im Zusammenwirken mit den Panzerverbänden werden. Äußerlich unterschieden sich die beiden Versionen durch Veränderungen der Kettenabdeckung im Bereich des Antriebrades und den Wegfall zweier Kisten auf der Kettenabdeckung über dem Leitrad. Die jeweils erste Luke für die persönliche Waffe wurde vergrößert, so dass daraus mit dem Gruppen-IMG geschossen werden konnte. Die DDR importierte Führungs-SPz für KC, K-MSB und K-MSR. Sie unterschieden sich von der Normalausführung nur hinsichtlich der Ausrüstung mit Funkgeräten und den veränderten Platzverhältnissen im Mannschaftsraum.

BMP-1SP2: die rechte Luke für den Einsatz der persönlichen Waffe ist vergrößert.

Einführungszeitraum	1971–1986
Gefechtsmasse (t)	13,3
Besatzung	11
Abmessung L/B/H (mm)	6735 x 2940 x 2068
Bodenfreiheit (mm)	370
Kanone	2A28 73
PALR	9M14M »MALJUTKA«
Panzer-MG	PKT 7,62
Kampfsatz Hauptbewaffnung	40
Watfähigkeit (m)	schwimmfähig
Fahrbereich Str./Gel.(km)	575/400
Höchstgeschwindigkeit (km/h)	65
Steigfähigkeit (Grad)	35
Bezeichnung Motor	UTD-20
Typ Motor	4-Takt-Diesel/V-6
Leistung (PS/kW)	290/213
Hubraum (l)	15,9
Kraftstoffvorrat gesamt (l)	460
Kühlung	Wasser/Ejektor
Federung	Drehstab

BMP-1SP2, mit hochgeklapptem Wellenabweiser.

BMP-SP2, in den Hecktüren befanden sich Kraftstoffbehälter.

Schützenpanzer BMP-1P

Der BMP-1P ist ein modifizierter Nachfolger des BMP-1SP2. Die gesamte Ladeautomatik im Turm entfiel, geladen wurde mit Hand. Die PALR »MALJUTKA« wurde durch die PALR »KONKURS« ersetzt. Verschossen wurde sie mit der Starteinrichtung 9P135M1, die rechts neben der Richtlenkschützenluke auf dem Turmdach integriert und von außen bedient werden musste. An die Rückseite des Turmes kam eine Nebelgranat-Verschussanlage mit sechs Abschussrohren. Dort wurde auch die Abdeckplane für das Fahrzeug befestigt. Das RWN rüstete Ende der 80er Jahre fast 100 BMP-1SP2 zu BMP-1P um. Sie erhielten die Bezeichnung BMP-1P(D), die Originale BMP-1P(C).

Einführungszeitraum	1987–1989
Gefechtsmasse (t)	13,5
Besatzung	11
Abmessung L/B/H (mm)	6735 x 2940 x 2068
Bodenfreiheit (mm)	370
Kanone	2A28 73
PALR	9M113 »KONKURS«
Panzer-MG	PKT 7,62
Kampfsatz Hauptbewaffnung	40
Watfähigkeit (m)	schwimmfähig
Fahrbereich Str./Gel. (km)	575/400
Höchstgeschwindigkeit (km/h)	65
Steigfähigkeit (Grad)	35
Bezeichnung Motor	UTD-20
Typ Motor	4-Takt-Diesel/V-6
Leistung (PS/kW)	290/213
Hubraum (l)	15,9
Kraftstoffvorrat gesamt (l)	460
Kühlung	Wasser/Ejektor
Federung	Drehstab

BMP-1P: mit Starteinrichtung für die PALR und Abdeckplane am Turm.

Schützenpanzer BMP-2

Die Erfahrungen mit dem BMP-1 und seinen Versionen mündeten folgerichtig in den Nachfolger, den BMP-2. Wichtigstes äußeres Erkennungsmerkmal war der Zweimannturm mit 30-mm-Maschinenkanone. Das Fahrzeug erhielt einen Kommandanten, der neben dem Richtlenkschützen im Turm sitzend in der Lage war, sein Fahrzeug in der Gefechtsordnung der Einheit zu führen. Mit der in zwei Ebenen stabilisierten Kanone konnten Erdziele bis 4000 Meter und Luftziele bis 2000 Meter mit Einzel- und Dauerfeuer bekämpft werden. Auch hier gehörte eine PALR-Startanlage zur Bewaffnung des Fahrzeuges. Da das Fahrzeug fast eine Tonne schwerer war als seine Vorgänger, erhielt der BMP-2 verbreiterte Wasserleitbleche, um den erforderlichen Auftrieb für die Wasserfahrten zu erreichen. Vom BMP-2 importierte die DDR eine Führungsversion für den KC, den BMP-2(K).

Einführungszeitraum	1983–1985
Gefechtsmasse (t)	13,8
Besatzung	10
Abmessung L/B/H (mm)	6735 x 3150 x 2850
Bodenfreiheit (mm)	420
Kanone	2A42 30
PALR	9M113 »KONKURS«
Panzer-MG	PKT 7,62
Kampfsatz Hauptbewaffnung	500
Watfähigkeit (m)	schwimmfähig
Fahrbereich Str./Gel. (km)	600/420
Höchstgeschwindigkeit (km/h)	65
Steigfähigkeit (Grad)	35
Bezeichnung Motor	UTD-20
Typ Motor	4-Takt-Diesel/V-6
Leistung (PS/kW)	290/213
Hubraum (l)	15,9
Kraftstoffvorrat gesamt (l)	460
Kühlung	Wasser/Ejektor
Federung	Drehstab

BMP-2: mit diesem Erhöhungswinkel der Kanone können auch Ziele in höher gelegenen Regionen bekämpft werden.

BMP-2, auf der Parade in Berlin 1989.

BMP-2 (K), das Führungsfahrzeug verfügte über einen Halbteleskopmast und ein Elektroaggregat.

Schwimmpanzer PT-76

Der Schwimmpanzer PT-76 ist mit zwei hydrodynamischen Wasserstrahl-Triebwerken ausgerüstet, die nach dem Rückstoßprinzip arbeiteten und so die Fortbewegung und das Manövrieren auf dem Wasser ermöglichten. Die pontonförmige Wanne verlieh dem Panzer eine hohe Stabilität auf dem Wasser. Der Panzer konnte auch von Landungsschiffen abgesetzt werden, das Feuergefecht vom Wasser aus führen und sogar beschädigte Fahrzeuge bugsieren. Die in der NVA eingesetzten Schwimmpanzer kamen hauptsächlich in den Aufklärungseinheiten zum Einsatz. Im Rahmen von Modernisierungsarbeiten erhielten die Panzer neue Funkgeräte, auf dem Heck wurden zwei 90-Liter-Zusatzbehälter befestigt. Vereinzelt wurden auch Führungsfahrzeuge für die Kommandeure der Aufklärungsbataillone umgerüstet.

Einführungszeitraum	1956–1962
Gefechtsmasse (t)	14
Besatzung	3
Abmessung L/B/H (mm)	7625 x 3140 x 2195
Bodenfreiheit (mm)	370
Kanone	D-56TM 76,2
Panzer-MG	SGMT 7,62
Kampfsatz Hauptbewaffnung	40
Watfähigkeit (m)	schwimmfähig
Fahrbereich Str./Gel. (km)	340/210
Höchstgeschwindigkeit (km/h)	44
Steigfähigkeit (Grad)	38
Bezeichnung Motor	W-6
Typ Motor	4-Takt-Diesel/W-6
Leistung (PS/kW)	240/176
Hubraum (l)	19,11
Kraftstoffvorrat gesamt (l)	250
Kühlung	Wasser/Ejektor
Federung	Drehstab

PT-76: zwei runde Zusatzbehälter vom Panzer T-34/85 am Heck kennzeichnen ihn.

Schwimmpanzer PT-76B

Der modernisierte Schwimmpanzer PT-76B verfügte über eine in zwei Ebenen stabilisierte Kanone, eine Kernwaffen-Schutzanlage und eine Thermo-Nebelanlage. Am Heck kamen zwei Zusatzbehälter für Kraftstoff und Öl, entlehnt vom mittleren Panzer T-54, zum Einsatz. Ein wichtiges weiteres Unterscheidungsmerkmal zum PT-76 war die um rund 100 mm tiefer angelegte Ejektorwanne der Auspuffanlage. Nachgerüstet wurden die PT-76B mit einer neuen Funkstation R-123 und einer neuen Bordsprechanlage R-124. Einzelne PT-76B wurden zu Führungsfahrzeugen für die Kommandeure der Aufklärungsbataillone, PT-76B (K), umgerüstet, indem ein zusätzliches Funkgerät im Turm installiert wurde.

Einführungszeitraum	1964–1967
Gefechtsmasse (t)	14,6
Besatzung	3
Abmessung L/B/H (mm)	7660 x 3170 x 2250
Bodenfreiheit (mm)	340
Kanone	D56TS 76,2
Panzer-MG	SGMT 7,62
Kampfsatz Hauptbewaffnung	40
Watfähigkeit (m)	schwimmfähig
Fahrbereich Str./Gel. (km)	480/300
Höchstgeschwindigkeit (km/h)	44
Steigfähigkeit (Grad)	38
Bezeichnung Motor	W-6B
Typ Motor	4-Takt-Diesel/R-6
Leistung (PS/kW)	240/176
Hubraum (l)	19,11
Kraftstoffvorrat gesamt (l)	310
Kühlung	Wasser/Ejektor
Federung	Drehstab

PT-76B, erkennbar an den zwei Zusatzbehältern vom Panzer T-54 am Heck und der tiefer gelegten Auspuffanlage.

Aufklärungspanzer BRM-1K

Die Aufklärungspanzer BRM-1K, aufbauend auf dem SPz BMP-1, importierte die DDR aus der UdSSR. Sie wurden vor allem in den Aufklärungsbataillonen der Divisionen zur Gefechtsfeldaufklärung eingesetzt. Das Fahrzeug verfügte über einen verbreiterten Zweimannturm mit einer von Hand zu ladenden Kanone. Das Turmheck nahm die ausfahrbare Station 1RL133-1 auf, eingesetzt zur Zielsuche, Ortung und Messung von Koordinaten beweglicher Bodenziele. Die Station konnte auch separat von einem Stativ aus betrieben werden. Am Heck über den beiden Türen des Mannschaftsraumes besaß der Panzer einen Halbteleskopmast. Durch den breiten Turm musste auf die beiden vorderen Lukendeckel auf dem Mannschaftraum verzichtet werden.

Einführungszeitraum	1983–1989
Gefechtsmasse (t)	13,6
Besatzung	3
Abmessung L/B/H (mm)	6760 x 2940 x 1920
Bodenfreiheit (mm)	370
Kanone	2A28 73
Panzer-MG	PKT 7,62
Basis	BMP-1SP2
Kampfsatz Hauptbewaffnung	20
Watfähigkeit (m)	schwimmfähig
Fahrbereich Str./Gel. (km)	575/370
Höchstgeschwindigkeit (km/h)	65
Steigfähigkeit (Grad)	35
Bezeichnung Motor	UTD-20/3
Typ Motor	4-Takt-Diesel/V-6
Leistung (PS/kW)	290/213
Hubraum (l)	15,9
Kraftstoffvorrat gesamt (l)	460
Kühlung	Wasser/Ejektor
Federung	Drehstab

BRM-1K, für Demonstrationszwecke voll entfaltet.

Selbstfahrlafette SU-76M

Die Selbstfahrlafette (SFL) SU-76 entstand auf dem um eine Laufrolle verlängerten Fahrgestell des leichten Panzers T-70M. Sie besaß einen geschlossenen Kampfraum und zwei parallel angeordnete Motoren. Mit dem Zusatz »M« wurde der verbesserte Nachfolger bezeichnet, der einen offenen Kampfraum und ebenfalls zwei, aber in Reihe geschaltete Motoren hatte. Deshalb befand sich auf dem Bug der Wanne nur noch rechts eine Montageluke für die Motoren. Als Bewaffnung fand die bewährte 76,2-mm-Kanone ZIS-3 Verwendung. Am Heck befand sich eine Halterung für das als Fla-MG genutzte 7,62-mm-MG DT. Die SFL wurde in der KVP und der NVA vor allem zu Ausbildungszwecken genutzt.

Einführungszeitraum	1949–1952
Gefechtsmasse (t)	10,5
Besatzung	4
Abmessung L/B/H (mm)	4965 x 2714 x 2100
Bodenfreiheit (mm)	300
Kanone	SIS-3S 76,2
Fla-MG	DT 7,62
Basis	T-70M
Kampfsatz Hauptbewaffnung	60
Watfähigkeit (m)	0,8
Fahrbereich Str./Gel. (km)	320/190
Höchstgeschwindigkeit (km/h)	30
Steigfähigkeit (Grad)	30
Bezeichnung Motor	2 x GAS-70-60
Typ Motor	4-Takt-Otto/R-6
Leistung (PS/kW)	70/51
Hubraum (l)	3,48
Kraftstoffvorrat gesamt (l)	412
Kühlung	Wasser/Lüfter
Federung	Drehstab

SU-76M: die Kanone ist in Marschlage gezurrt, auf dem Bug links die Montageluke für die Motoren.

Selbstfahrlafette SU-85 und SU-100

Einführungszeitraum SU-85	1952
Gefechtsmasse (t)	29,6
Besatzung	4
Abmessung L/B/H (mm)	8130 x 3000 x 2333
Bodenfreiheit (mm)	400
Kanone	D-5S 85
Kampfsatz Hauptbewaffnung	48
Watfähigkeit (m)	1,3
Fahrbereich Str./Gel. (km)	250/200
Höchstgeschwindigkeit (km/h)	55
Steigfähigkeit (Grad)	35
Bezeichnung Motor	W-2-34
Typ Motor	4-Takt-Diesel/V-12
Leistung (PS/kW)	500/367
Hubraum (l)	38,88
Kraftstoffvorrat gesamt (l)	400
Kühlung	Wasser/Lüfter
Federung	Schraubenfedern

In geringen Stückzahlen übernahm die DDR Selbstfahrlafetten (SFL) der Typen SU-85 und SU-100. Als Basis für die SU-85 wurde das Fahrgestell des mittleren Panzers T-34/76 genutzt, die SU-100 baute auf dem Fahrgestell des T-34/85 auf. Auf einen Turm wurde verzichtet, die Bugplatte weiter nach oben gezogen und die jeweilige Kanone nicht drehbar, aber schwenkbar eingebaut. Dadurch konnte die Fahrzeughöhe geringer als beim Panzer gehalten werden und eine bedeutend stärkere Waffe eingebaut werden. Der Nachteil dieser Fahrzeugkonstruktion war, dass der Fahrer auf

SU-85, gut erkennbar das Fahrwerk vom T-34/76.

Grund des sehr begrenzten Seitenschwenkbereiches der Kanone die Waffe mit richten musste. Weiterhin fehlte für den Nahkampf ein Maschinengewehr. Die SFL unterschieden sich neben den Waffen auch in den Kanonenblenden, die SU-100 verfügte über einen kleinen Kommandantenturm auf der rechten Seite.

Einführungszeitraum SU-100	1952
Gefechtsmasse (t)	31,6
Besatzung	4
Abmessung L/B/H (mm)	9450 x 3000 x 2245
Bodenfreiheit (mm)	350
Kanone	D-10S 100
Kampfsatz Hauptbewaffnung	33
Watfähigkeit (m)	1,3
Fahrbereich Str./Gel. (km)	250
Höchstgeschwindigkeit (km/h)	50
Steigfähigkeit (Grad)	35
Bezeichnung Motor	W-2-34
Typ Motor	4-Takt-Diesel/V-12
Leistung (PS/kW)	500/367
Hubraum (l)	38,88
Kraftstoffvorrat gesamt (l)	400
Kühlung	Wasser/Lüfter
Federung	Schraubenfedern

SU-100, gut erkennbar ist der kleine Kommandantenturm, beeindruckend die 100-mm-Kanone.

122-mm-SFL-Haubitze 2S1

Auf der Grundlage des gepanzerten Transporters MT-LB entstand das um eine Laufrolle verlängerte Basisfahrzeug MT-LBu, das in vielfältiger Form in der NVA genutzt wurde. Eine Verwendungsmöglichkeit war der Einsatz der Basis für die 122-mm-SFL-Haubitze 2S1 »GWOSDIKA«. Diese SFL sollte sukzessiv die gezogene 122-mm Regimentsartillerie ersetzen. Die SFL verfügte über eine 122-mm-Haubitze, die in einem drehbaren Turm untergebracht war, und wies einen Erhöhungswinkel von +70 Grad auf. Ruhige Gewässer überwand das Fahrzeug mit montierter Spezialausrüstung schwimmend, wobei die Ketten den Antrieb übernahmen. Geschossen wurde nur im Stand. Auf Grund der hohen Mobilität konnten Stellungswechsel in kürzester Zeit absolviert werden, was in der modernen Kriegsführung ein unschätzbarer Vorteil gegenüber gezogener Artillerie war.

Einführungszeitraum	ab 1976
Gefechtsmasse (t)	15,7
Besatzung	4
Abmessung L/B/H (mm)	7260 x 2850 x 2725
Bodenfreiheit (mm)	400
Kanone	2A31 122
Basis	MT-LBu
Kampfsatz Hauptbewaffnung	40
Watfähigkeit (m)	schwimmfähig
Fahrbereich Str./Gel. (km)	500/450
Höchstgeschwindigkeit (km/h)	61,5
Steigfähigkeit (Grad)	35
Bezeichnung Motor	JaMZ-238N
Typ Motor	4-Takt-Vielstoff/V-8
Leistung (PS/kW)	300/220
Hubraum (l)	14,86
Kraftstoffvorrat gesamt (l)	550
Kühlung	Wasser/Lüfter
Federung	Drehstab

22-mm-SFL-Haubitze 2S1, in Marschlage ist die Kanone gezurrt.

152-mm-SFL-Haubitze 2S3M

Einführungszeitraum	1979–1985
Gefechtsmasse (t)	28,2
Besatzung	4
Abmessung L/B/H (mm)	7765 x 3250 x 3050
Bodenfreiheit (mm)	450
Kanone	2A33 152
Basis	SU-100P
Panzer-MG	PKT 7,62
Kampfsatz Hauptbewaffnung	46
Watfähigkeit (m)	1
Fahrbereich Str./Gel. (km)	500/280
Höchstgeschwindigkeit (km/h)	60
Steigfähigkeit (Grad)	30
Bezeichnung Motor	W-59U
Typ Motor	4-Takt-Vielstoff/V-12
Leistung (PS/kW)	520/382
Hubraum (l)	38,88
Kraftstoffvorrat gesamt (l)	830
Kühlung	Wasser/Lüfter
Federung	Drehstab

Die 152-mm-SFL-Haubitze 2S3M »AKAZIA« ist historisch in zweierlei Hinsicht interessant. Das Fahrwerk wurde aus der 1949 konstruierten SFL SU-100P entlehnt. Das Rohr der in der SFL eingebauten Haubitze 2A33 wurde bereits in der 152-mm-Kanonen-Haubitze ML-20, mit technischen Veränderungen dann auch in der Haubitze D-20 genutzt. Alle drei Haubitzen gehörten zur Divisionsartillerie der NVA. Der Drehturm der SFL nahm die Haubitze mit Munitions-Transporteinrichtung auf. Durch diese Ladehilfe war die Besatzung in der Lage, den mitgeführten Kampfsatz von 46 Granaten in nur rund 20 Minuten zu verschießen. Ein weiteres Merkmal des Fahrzeuges war das Stützrollen-Laufwerk mit Antrieb im Bugteil der Wanne.

152-mm-SFL-Haubitze 2S3M, die Besatzung bei Wartungsarbeiten.

Fla-SFL 57/2

Auf dem leicht abgeänderten Fahrgestell des mittleren Panzers T-54, eine Laufrolle fehlt, erhielten die Einheiten der Truppenluftabwehr die mit einer 57-mm automatischen Zwillingsflak ausgerüstete Fla-SFL. Mit den Geschützen konnte auf Luftziele bis 4000 Meter wirksames Feuer geführt werden. Die Munitionszuführung erfolgte über Patronenrahmen mit vier Granaten, was bei zwei Geschützen zwei Ladeschützen erforderte. Ein weiteres Unterscheidungsmerkmal zur T-54-Wanne ist die auf der Bugplatte angebrachte Notausstiegsluke für die Besatzung.

Einführungszeitraum	1957–1960
Gefechtsmasse (t)	28
Besatzung	6
Abmessung (mm)	8480 x 3270 x 2750
Bodenfreiheit (mm)	425
Kanone	2 x S-68 57
Basis	T-54
Kampfsatz Hauptbewaffnung	300
Watfähigkeit (m)	1,4
Fahrbereich Str./Gel. (km)	420/320
Höchstgeschwindigkeit (km/h)	50
Steigfähigkeit (Grad)	30
Bezeichnung Motor	W-54
Typ Motor	4-Takt-Diesel/V-12
Leistung (PS/kW)	520/382
Hubraum (l)	38,88
Kraftstoffvorrat gesamt (l)	925
Kühlung	Wasser/Lüfter
Federung	Drehstab

Fla-SFL 57/2, gut zu erkennen die Notausstiegsluke auf dem Bug der Wanne.

Fla-SFL 23/4 »SHILKA«

Ein Meilenstein in der sowjetischen Waffenentwicklung stellte diese Fla-SFL dar, die als Element der Truppenluftabwehr in den Mot.-Schützen- und Panzerregimentern Dienst tat. Bei einer theoretischen Feuergeschwindigkeit von 2000 Granaten pro Minute konnte die Fla-SFL die ihr zugewiesenen Abschnitte wirkungsvoll decken. Die Zielzuweisung erfolgte per Datenübermittlung von vorgeschalteten Funkmessstationen. Die SFL war aber auch in der Lage, völlig autark zu arbeiten. Dazu waren alle Geräte zur Rundsicht- oder Sektorsuche, zur Zielsuche und -begleitung sowie zur Waffenführung vorhanden. Mit Hilfe einer Gasturbine konnte die erforderliche elektrische Energie bereitgestellt werden. In der NVA wurden die Versionen Fla-SFL 23/4W1 und Fla-SFL 23/4M eingesetzt. Die Version »M« verfügte über einen neuen Feuerleitkomplex und ein zusätzliches Ventilationssystem auf der rechten Turmseite.

Einführungszeitraum	1968–1978
Gefechtsmasse (t)	19,4
Besatzung	4
Abmessung L/B/H (mm)	6536 x 3125 x 3572
Bodenfreiheit (mm)	380
Kanone	4 x AZP-23 23
Basis	GM-575
Kampfsatz Hauptbewaffnung	2000
Watfähigkeit (m)	1
Fahrbereich Str./Gel. (km)	450/210
Höchstgeschwindigkeit (km/h)	50
Steigfähigkeit (Grad)	30
Bezeichnung Motor	W-6R-1
Typ Motor	4-Takt-Diesel/R-6
Leistung (PS/kW)	280/206
Hubraum (l)	19,1
Kraftstoffvorrat gesamt (l)	521
Kühlung	Wasser/Ejektor
Federung	Drehstab

Fla-SFL 23/4W1 auf Basisfahrzeug GM-575.

Schützenpanzer-wagen SPW-50PK

Auf der Grundlage des Schwimmpanzers PT-76 aufbauend, führte die NVA den Ketten-Schützenpanzerwagen SPW-50PK ab 1961 ein. Seine guten Schwimmeigenschaften wurden vor allem zum Transport und zum Übersetzen von Technik und Personal genutzt. Der kastenförmige Mannschaftsraum konnte bis zu 14 Soldaten mit Ausrüstung transportieren. Drei große Lukendeckel verschlossen ihn nach oben. Zur Belüftung befand sich vorn links ein Zentrifugallüfter, der den Mannschaftsraum mit gereinigter Luft versorgte. Links neben dem mittig angeordneten Fahrer saß der Kommandant, der über eine separate Kuppel verfügte.

Einführungszeitraum	1961–1965
Gefechtsmasse (t)	14,3
Besatzung	12
Abmessung L/B/H (mm)	7070 x 3140 x 2030
Bodenfreiheit (mm)	370
Panzer-MG	SGMB 7,62
Kampfsatz Hauptbewaffnung	1000
Watfähigkeit (m)	schwimmfähig
Fahrbereich Str./Gel. (km)	260/210
Höchstgeschwindigkeit (km/h)	44
Steigfähigkeit (Grad)	38
Bezeichnung Motor	W-6
Typ Motor	4-Takt-Diesel/R-6
Leistung (PS/kW)	240/176
Hubraum (l)	19,11
Kraftstoffvorrat gesamt (l)	250
Kühlung	Wasser/Ejektor
Federung	Drehstab

SPW-50PK: der Kommandant verfügt über eine separate Kuppel, der Mannschaftsraum ist durch drei Lukendeckel verschlossen.

Funkstörgerätesatz UKW R-330P »PYRAMIDA-I«

Einführungszeitraum	1985–1989
Gefechtsmasse (t)	15,5
Besatzung	4
Abmessung L/B/H (mm)	4800 x 2970 x 3508
Bodenfreiheit (mm)	400
Hersteller	UdSSR
Basis	MT-LBu
Watfähigkeit (m)	schwimmfähig
Fahrbereich Str./Gel. (km)	500/450
Höchstgeschwindigkeit (km/h)	61
Steigfähigkeit (Grad)	35
Bezeichnung Motor	JaMZ-238N
Typ Motor	4-Takt-Diesel/R-8
Leistung (PS/kW)	300/220
Hubraum (l)	14,86
Kraftstoffvorrat gesamt (l)	550
Kühlung	Wasser/Lüfter
Federung	Drehstab

Mit dem Gerätesatz »PYRAMIDA-I« konnten UKW-Funkverbindungen automatisch gesucht, aufgefasst und niedergehalten werden. Als Basis des Gerätesatzes kam das Basisfahrzeug MT-LBu zum Einsatz. In der NVA wurden zwei Versionen der R-330P eingesetzt. Bei beiden befand sich auf dem Fahrzeugdach eine aufzurichtende Störantenne. Zur Aufklärung von Funkverbindungen besaß das Fahrzeug einen fast sieben Meter hohen Mast, auf dem eine T-förmige Antenne aufgebaut wurde. Die einzelnen Elemente dieser Antenne befanden sich in der großen länglichen Kiste an der linken Wannenseite. Bei der älteren Version wurde der Antennenmast auf dem Fahrzeugdach abgelegt, bei der neuen Version war dieser Mast hinten im Heck integriert. Zur eigenen Stromversorgung befand sich am Heck ein separates Elektroaggregat, eingebaut in einen eigens dafür angebauten Erker.

Fu-Stör-GS UKW R-330P, eine der wenigen Aufnahmen, die den Einsatz dieses Gerätesatzes in der NVA dokumentieren. Hier die erste Version mit auf dem Fahrzeugdach abgelegten Antennenmast.

Fu-Stör-GS UKW R-330P, hier die neue Version, der Antennenmast ist im Heck eingebaut, die Störantenne aufgeklappt.

Funkaufklärungsgeräte-komplex R-381T »TARAN«

Einführungszeitraum	1989
Hersteller	Ungarn
Basis	MT-LBu
Watfähigkeit (m)	schwimmfähig
Fahrbereich Str./Gel. (km)	500/450
Höchstgeschwindigkeit (km/h)	61
Steigfähigkeit (Grad)	35
Bezeichnung Motor	JaMZ-238N
Typ Motor	4-Takt-Diesel/R-8
Leistung (PS/kW)	300/220
Hubraum (l)	14,86
Kraftstoffvorrat gesamt (l)	550
Kühlung	Wasser/Lüfter
Federung	Drehstab

Der Funkaufklärungskomplex R-381T diente dem Abfangen von Funksendungen im KW- und UKW-Bereich sowie zur Synchronpeilung der Quelle der Funksendung. Er ermöglichte das automatische Abfangen und Bearbeiten der ermittelten Funkaufklärungsangaben, deren Darstellung sowie die Übertragung der ausgewerteten Angaben mittels Datenübertragung an den Führungspunkt. Als Basis kam das Basisfahrzeug MT-LBu zum Einsatz. Der Komplex bestand aus fünf Fahrzeugen, dem Führungsfahrzeug R-381T3, sowie je zwei Aufklärungsfahrzeugen R-381T1 und R–381T2. Die Aufklärungstiefe belief sich bis auf 60 km. Zur eigenen Stromversorgung besaß jedes Fahrzeug ein am Fahrzeugheck integriertes Elektroaggregat. Die großen, fast 10 Meter hohen Antennensysteme der Fahrzeuge R-381T1 und R-381T2 wurden hydraulisch aufgerichtet.

Fu-Akl-Kpl R-381T1, markant für dieses Fahrzeug eine große Parabolantenne unter der Abdeckplane.

Fu-Akl-Kpl R-381T2, in der Fahrzeugmitte befindet sich der Richtantrieb für den zweiteiligen Antennenmast.

Funkmesszünder-Störstation SPR-1

Einführungszeitraum	1988–1989
Gefechtsmasse (t)	5,8
Besatzung	2
Abmessung L/B/H (mm)	5150 x 2470 x 3000
Watfähigkeit (m)	schwimmfähig
Fahrbereich Str./Gel. (km)	500/450
Höchstgeschwindigkeit (km/h)	55
Steigfähigkeit (Grad)	35
Kühlung	Wasser/Lüfter
Federung	Drehstab

Die mobile aktive Funkmesszünder-Störstation sollte die eigenen Truppen vor gegnerischen Artilleriegeschossen und vor Wurfgranaten mit Funkmesszündern schützen. Dazu strahlte die automatisch arbeitende Störstation gezielte Impuls-Antwortstörsignale ab, welche die Geschosse entweder in einer ungefährlichen Höhe von etwa 100 Meter zur vorzeitigen Detonation brachten oder aber die Zünder auf Aufschlagwirkung brachte. Als Basis diente das leicht gepanzerte Kettenfahrzeug GT-MU, das sich durch hohe Geländegängigkeit und Schwimmfähigkeit auszeichnete. Zum Einsatz kamen zwei Fahrzeuge in den Funkstörkompanien zweier Divisionen.

FuM-Zü-Störst SPR-1.

Schützenpanzerwagen SPW-50PK (Führungsversionen)

Seine hohe Geländegängigkeit, sein hervorragendes Schwimmverhalten, die niedrige Silhouette und nicht zuletzt der große gepanzerte Mannschaftsraum prädestinierten den SPW-50PK als Führungsfahrzeug. Sämtliche der hier aufgeführten Versionen wurden in den Werkstätten der NVA umgerüstet und eingesetzt als: Führungsfahrzeug für die Stäbe der Mot.-Schützen- und Panzerbataillone der PD – SPW-50PK (S) –, Batterie-Befehlsstelle der Fla-SFL-Batterien der Divisionen – SPW-50PK (BBS) –, Führungsfahrzeug der Stäbe der Pionierbataillone der Divisionen – SPW-50PK (Pi) –, Führungsfahrzeug für die Leiter der Dienste (Pionierdienst und chemischer Dienst) der PD und MSD – SPW-50PK (D) –, Führungsfahrzeug des Chefs Truppenluftabwehr der Divisionen – SPW-50PK (LA) – und Führungsfahrzeug des Chefs Aufklärung der Armee – SPW-50PK (Akl). Je nach Verwendung unterschieden sich die Fahrzeuge in der Ausrüstung und in der Anzahl der Arbeitsplätze.

Umrüstungszeitraum	1964–1965
Gefechtsmasse (t)	14,3
Besatzung	6
Abmessung L/B/H (mm)	7070 x 3140 x 2030
Bodenfreiheit (mm)	370
Panzer-MG	SGMB 7,62
Kampfsatz Hauptbewaffnung	1250
Watfähigkeit (m)	schwimmfähig
Fahrbereich Str./Gel.(km)	260/210
Höchstgeschwindigkeit (km/h)	44
Steigfähigkeit (Grad)	38
Bezeichnung Motor	W-6
Typ Motor	4-Takt-Diesel/R-6
Leistung (PS/kW)	240/176
Hubraum (l)	19,11
Kraftstoffvorrat gesamt (l)	250
Kühlung	Wasser/Ejektor
Federung	Drehstab

Führ.-Fzg. SPW-50PK (BBS): Erst wenn die Fahrzeuge in Gefechtslage entfaltet sind, kann man die Verwendung erkennen.

Bewegliche Führungsstelle auf SPW-50PU und Führungsfahrzeug SPW-50PU(A)

Einführungszeitraum	1961–1967
Gefechtsmasse (t)	14,3
Besatzung	6
Abmessung L/B/H (mm)	7070 x 3140 x 2030
Bodenfreiheit (mm)	370
Basis	SPW-50PK
Watfähigkeit (m)	schwimmfähig
Fahrbereich Str./Gel. (km)	530/350
Höchstgeschwindigkeit (km/h)	44
Steigfähigkeit (Grad)	38
Bezeichnung Motor	W-6PG
Typ Motor	4-Takt-Diesel/R-6
Leistung (PS/kW)	240/176
Hubraum (l)	19,11
Kraftstoffvorrat gesamt (l)	180
Kühlung	Wasser/Ejektor
Federung	Drehstab

Die bewegliche Führungsstelle auf SPW-50PU wurde als Kommandeursfahrzeug für den Kommandeur und den Stabschefs der MSD und PD und für den Regimentskommandeur der MSR und PR eingesetzt. Mit diesem Fahrzeug konnte unter den Bedingungen der beweglichen Gefechtsführung, unter erschwerten klimatischen Bedingungen und in unwegsamem Gelände eine standhafte Führung der Truppen gewährleistet werden. Mit Hilfe von sieben Funkstellen war der Eintritt in beliebige Funknetze möglich. Die Stromversorgung konnte mit Hilfe eines absetzbaren Elektroaggregates sichergestellt werden. Speziell für den Chef Artillerie der Division wurde die Version SPW-50PU(A) in den Panzerwerkstätten umgerüstet. Die guten Geländeeigenschaften des SPW-50PK, vor allem seine Schwimmfähigkeit, konnten für die Führungsfahrzeuge genutzt werden. Zusätzlich erhielt der SPW eine zweite Kuppel rechts neben dem Fahrer.

Führ.-St. SPW-50PU, mit zweiter Kuppel rechts neben dem Fahrer, auf der Motorabdeckung drei Zubehörkisten und das absetzbare Elektroaggregat.

Führ.-St. SPW-50PU, komplett entfaltet beim Sommerfest im Schweizerischen Militärmuseum Full.

Führungsfahrzeuge der Artillerie auf MT-LB

Entsprechend den spezifischen Einsatzzwecken des Mehrzweck-Zug- und Transportmittels MT-LB in Panzerjägereinheiten sowie in Einheiten der SFL-Artillerie wurde es notwendig, diese Führungsfahrzeuge auf MT-LB gegenüber der Normalversion mit zusätzlicher Technik auszustatten. Diese Ausrüstung erfolgte in den Truppenwerkstätten der NVA. So entstanden das Führungs- und Aufklärungsfahrzeug des Zugführers des Feuerzuges der Panzerjägereinheit – MT-LB ZF-PzJ –, das Führungsfahrzeug des Batteriechefs der Panzerjägereinheit – MT-LB BC-PzJ – und das Führungsfahrzeug des Batterieoffiziers in SFL-Artillerie-Batterien – MT-LB BO. Da vor allem Änderungen an der im Fahrzeug untergebrachten Ausrüstung vorgenommen wurden, ließen sich die Führungsfahrzeuge kaum von den Normalversionen unterscheiden. Lediglich der MT-LB BO verfügte über einen Halbteleskopmast HTM-10, der auf dem Fahrzeugdach aufgebaut wurde.

Umrüstungszeitraum	1971–1989
Gefechtsmasse (t)	11,797
Besatzung	8
Abmessung L/B/H (mm)	6454 x 2850 x 1865
Bodenfreiheit (mm)	395
Basis	MT-LB
Panzer-MG	PKT 7,62
Kampfsatz Hauptbewaffnung	1000
Watfähigkeit (m)	schwimmfähig
Fahrbereich Str./Gel. (km)	500/470
Höchstgeschwindigkeit (km/h)	61,5
Steigfähigkeit (Grad)	35
Bezeichnung Motor	JaMZ-238W
Typ Motor	4-Takt-Diesel/V-8
Leistung (PS/kW)	240/177
Hubraum (l)	14,86
Kraftstoffvorrat gesamt (l)	520
Kühlung	Wasser/Lüfter
Federung	Drehstab

Führ.-Fzg. MT-LB BO, der HTM-10 weist auf diese spezielle Führungsversion hin.

Führungskomplex 1W12-1 »MASCHINA« auf MT-LBu

Der Führungskomplex 1W12-1 war für die Feuerleitung einer SFL-Artillerieabteilung und für das Zusammenwirken mit anderen Einheiten in allen Gefechtsarten bestimmt. Seine Hauptaufgabe bestand in der Aufklärung des Geländes und des Gegners, dem Ermitteln von Zielkoordinaten, der Führung und Feuerleitung der SFL-AA und anderen administrativen Aufgaben. Dazu waren im Komplex acht Fahrzeuge zusammengefasst: Das Führungsfahrzeug 1W15-1 für den Kommandeur einer SFL-AA, das Fahrzeug 1W16-1 für den Stabschef einer SFL-AA, jeweils drei Fahrzeuge 1W14-1 für die Batteriechefs einer SFL-AA und jeweils drei Führungsfahrzeuge 1W13-1 für die Batterieoffi-

Einführungszeitraum	1976–1988
Gefechtsmasse (t)	15,5
Besatzung	8
Abmessung L/B/H (mm)	7210 x 2850 x 1950
Bodenfreiheit (mm)	400
Basisfahrzeug	MT-LBu
Fla-MG	DSchK 12,7
Kampfsatz Hauptbewaffnung	500
Watfähigkeit (m)	schwimmfähig
Fahrbereich Str./Gel. (km)	500/450
Höchstgeschwindigkeit (km/h)	61
Steigfähigkeit (Grad)	35
Bezeichnung Motor	JaMZ-238N
Typ Motor	4-Takt-Diesel/R8
Leistung (PS/kW)	300/220
Hubraum (l)	14,86
Kraftstoffvorrat gesamt (l)	550
Kühlung	Wasser/Lüfter
Federung	Drehstab

Führ.-Fzg. 1W13-1, ausgerüstet mit dem Fla-MG NSWT.

ziere der SFL-AA. Zum Einsatz kam das Basisfahrzeug MT-LBu wegen seiner guten Geländegängigkeit, seiner Schwimmfähigkeit und des großen Arbeitsraumes. Das leicht gepanzerte Führungsfahrzeug besaß sieben Laufrollen und zur Beobachtung einen drehbaren Turm. Die Grundkonstruktion aller vier Versionen ist gleich, erst an den Einzelheiten lässt sich auf die Verwendung schließen. Die Fahrzeuge 1W13-1 und 1W16-1 hatten die gleiche Bewaffnung, das 12,7-mm-Fla-MG DSchK. Die letzten Versionen waren mit dem neuen 12,7-mm-MG NSWT ausgerüstet. Zur Funkausrüstung des 1W16-1 gehörte außerdem ein Halbteleskopmast HTM-10.
Die Versionen 1W14-1 und 1W15-1 erhielten als Bewaffnung ein Panzer-MG und an der rechten Turmseite ein Nachtsichtgerät in einer gepanzerten Kuppel. Die Version 1W15-1 verfügte ebenfalls über einen HTM-10, der am Fahrzeugheck aufgebaut werden konnte.

Einführungszeitraum	1976–1988
Gefechtsmasse (t)	15,5
Besatzung	8
Abmessung L/B/H (mm)	7210 x 2850 x 1950
Bodenfreiheit (mm)	400
Basisfahrzeug	MT-LBu
Panzer-MG	PKT 7,62
Kampfsatz Hauptbewaffnung	2000
Watfähigkeit (m)	schwimmfähig
Fahrbereich Str./Gel. (km)	500/450
Höchstgeschwindigkeit (km/h)	61
Steigfähigkeit (Grad)	35
Bezeichnung Motor	JaMZ-238N
Typ Motor	4-Takt-Diesel/R8
Leistung (PS/kW)	300/220
Hubraum (l)	14,86
Kraftstoffvorrat gesamt (l)	550
Kühlung	Wasser/Lüfter
Federung	Drehstab

Führ.-Fzg. 1W16-1, Fla-MG DSchK und der HTM-10 kennzeichnen die ersten Fahrzeuge.

Führ.-Fzg. 1W14-1, mit Turm-MG und Nachtsichtgerät rechts am Turm.

Führ.-Fzg. 1W15-1, am Heck die Halterung für den HTM-10 sowie ein Kasten für Kabelrollen.

Kommando-Stabsfahrzeuge des Systems 9S743 »AFFS« auf MT-LBu

Einführungszeitraum	ab 1986
Gefechtsmasse (t)	15,5
Besatzung	8
Abmessung L/B/H (mm)	7792 x 2970 x 2300
Bodenfreiheit (mm)	400
Basisfahrzeug	MT-LBu
Watfähigkeit (m)	schwimmfähig
Fahrbereich Str./Gel. (km)	500/450
Höchstgeschwindigkeit (km/h)	61
Steigfähigkeit (Grad)	35
Bezeichnung Motor	JaMZ-238N
Typ Motor	4-Takt-Diesel/R8
Leistung (PS/kW)	300/220
Hubraum (l)	14,86
Kraftstoffvorrat gesamt (l)	550
Kühlung	Wasser/Lüfter
Federung	Drehstab

Für das Automatisierte Feldführungssystem der Landstreitkräfte (sow. Bezeichnung »PASUW«) wurde der MT-LBu als Basisfahrzeug genutzt. Zum in der NVA eingesetzten Komplex gehörten 18 verschiedene Fahrzeuge, die die Führung einer Division ermöglichten. Dabei waren 15 Stabsfahrzeuge für sämtliche Kommandeure und Leiter (MP-21M bis MP-24M und Versionen), zwei Rechnerkomplexe (BETA-3M und RTA BETA-3M) und eine Informationsbearbeitungsstelle (MP-25) im Komplex enthalten. Da die Grundausstattung fast identisch war und die funktionsabhängigen Geräte in den Fahrzeugen untergebracht waren, fiel eine äußere Unterscheidung einzelner Komponenten des AFFS sehr schwer. Lediglich einzelne oder anders angeordnete Antennen ermöglichten Rückschlüsse auf die jeweilige Verwendung. Charakteristisch für sämtliche Fahrzeuge war das am Heck angebaute Elektroaggregat. Der eine in der NVA verwendete Komplex wurde im September 1990 mit allen Unterlagen an die Sowjetunion zurück geführt.

Kdo-S-Fzg. MP-21M des Divisionskommandeurs.

Kdo-S-Fzg. MP-24M des Chefs Raketentruppen und Artillerie. Beide Bilder zeigen ein Fahrzeug der polnischen Streitkräfte.

Kdo-S-Fzg. MP-21M2, Führungsfahrzeug für den Leiter Chemische Dienste.

Rechenkomplex Stab BETA-3M, verantwortlich für die rechentechnische Sicherstellung des Stabes auf dem Gefechtsstand der Division. Hier ein Fahrzeug aus dem polnischen KSE-Dokument.

Kommando-Stabsfahrzeug MP-31 auf BMP-1

Einführungszeitraum	ab 1986
Gefechtsmasse (t)	12,6
Besatzung	10
Abmessung L/B/H (mm)	6500 x 2850 x 1960
Bodenfreiheit (mm)	410
Basis	BMP-1SP2
Watfähigkeit (m)	schwimmfähig
Fahrbereich Str./Gel. (km)	600/400
Höchstgeschwindigkeit (km/h)	65
Steigfähigkeit (Grad)	32
Bezeichnung Motor	UTD-20
Typ Motor	4-Takt-Diesel/V-6
Leistung (PS/kW)	290/213
Hubraum (l)	15,9
Kraftstoffvorrat gesamt (l)	460
Kühlung	Wasser/Ejektor
Federung	Drehstab

Das Kommando-Stabsfahrzeug MP-31 gehörte zum AFFS und diente den Kommandeuren der MSR/PR und ihren Stellvertretern als Führungsfahrzeug. Mit Hilfe des MP-31 konnte der Informationsaustausch mit den vorgesetzten Stäben automatisiert werden. Gleichzeitig war die nichtautomatisierte Führung der unterstellten Einheiten mit den Nachrichtenmitteln des Systems möglich. Der Schützenpanzer BMP-1 mit Turm, aber ohne Bewaffnung wurde dabei als Basisfahrzeug genutzt. Das Fahrzeug erhielt anstelle der Kanone einen kippbaren Halbteleskopmast. Ausgerüstet war des Fahrzeug unter anderem mit einem Datenübertragungsgerät und einem SAS-Fernsprechgerät sowie leichtem Feldkabel. Auf dem Heck wurden zwei Kästen für verschiedene Ausrüstungsgegenstände und ein Stromversorgungsaggregat aufgesetzt.

Kdo-S-Fzg. MP-31, anstatt der Kanone befindet sich ein Halbteleskopmast im Turm, auf dem Heck ist ein Elektroaggregat aufgebaut.

Diese beiden Aufnahmen stammen aus dem Bildteil des tschechischen KSE-Katalogs von 1990.

Startrampe 8U218

Elemente wie das Laufwerk oder der Motor des schweren Panzers IS-2 wurden für den Bau der SFL ISU-152K genutzt. Dieses SFL bildete die Grundlage für die Entwicklung der Startrampe 8U218 mit der operativ-taktischen Rakete 8K11. Die SR war so konzipiert, dass sämtliche für den Start der Rakete notwendigen Arbeiten auf dem Startfahrzeug durchgeführt werden konnten. Das Stützrollenlaufwerk garantierte eine hohe Geländegängigkeit, die geschweißte Wanne nahm alle notwendigen Anlagen des Systems auf. Der Starttisch wurde hydraulisch in Startposition gehoben und in Marschlage gesenkt. Die mit einem Flüssigkeitstriebwerk ausgerüstete Rakete 8K11 erzielte mit einem Gefechtskopf von rund 600 kg Gewicht Reichweiten zwischen 60 bis 170 km.

Einführungszeitraum	1963–1964
Gefechtsmasse (t)	33,1
Besatzung	8
Abmessung L/B/H (mm)	11800 x 3300 x 3300
Bodenfreiheit (mm)	480
operativ-taktische Rakete	8K11
Kampfsatz	1
Basisfahrzeug	ISU-152
Fahrbereich Str./Gel. (km)	500/275
Höchstgeschwindigkeit (km/h)	42
Steigfähigkeit (Grad)	35
Bezeichnung Motor	W-2-34M
Typ Motor	4-Takt-Diesel/V-12
Leistung (PS/kW)	520/382
Hubraum (l)	38,88
Kraftstoffvorrat gesamt (l)	910
Kühlung	Wasser/Lüfter
Federung	Drehstab

Startrampe 8U218, zum Luftversorgungssystem gehört pro Seite eine Druckluftflasche.

Startrampe 2P19

Mit der SR 2P19 wurde die Rakete 8K14 transportiert, zum Start vorbereitet und verschossen. Auch hier kam das geländegängige Fahrwerk der schweren SFL ISU-152K zum Einsatz. Im Unterschied zur Startrampe 8U218 war der Ausleger, der zum Transport und Umstellen der Rakete diente, rund einen Meter länger. Die 11 Meter lange Rakete 8K14 konnte einen etwa 980 kg schweren Gefechtskopf bis 300 km weit transportieren. Ein weiterer, sichtbarer Unterschied zum Vorgänger bestand in der Anzahl der hinter der Führungskabine angebauten zwei Druckluftflaschen für die Vorstartkontrolle.

Einführungszeitraum	1964–1972
Gefechtsmasse (t)	42,5
Besatzung	8
Abmessung L/B/H (mm)	12600 x 3240 x 3300
Bodenfreiheit (mm)	480
operativ-taktische Rakete	8K14
Kampfsatz	1
Basisfahrzeug	ISU-152
Fahrbereich Str./Gel. (km)	500/275
Höchstgeschwindigkeit (km/h)	42
Steigfähigkeit (Grad)	35
Bezeichnung Motor	W-2-34M
Typ Motor	4-Takt-Diesel/V-12
Leistung (PS/kW)	520/382
Hubraum (l)	38,88
Kraftstoffvorrat gesamt (l)	910
Kühlung	Wasser/Lüfter
Federung	Drehstab

Startrampe 2P19, gut sichtbar die beiden Druckluftflaschen hinter der Führungskabine.

Startrampe 2P16

Die SR 2P16 gehörte zum »ungelenkten Raketenkomplex 2K6« und konnte die beiden taktischen Raketen 3R9 und 3R10 verschießen. Als Basis kamen Baugruppen des Schwimmpanzers PT-76 zum Einsatz. Zur Verbesserung der Geländefähigkeit wurde das Laufwerk mit zwei Stützrollen pro Seite modifiziert. Auf der Wanne wurden die Startschiene, Höhen- und Seitenrichtmaschine sowie zwei Spindelheber und ein absetzbares Stromversorgungsaggregat montiert. Die taktische Rakete konnte vertikal, mit Hilfe des Elektromotors der Höhenrichtmaschine grob und mit Hand fein gerichtet werden. Die mit Feststofftriebwerken ausgerüsteten taktischen Raketen erreichten Schussentfernungen von bis zu 44,6 km (Rakete 3R9) oder 32,1 km (Rakete 3R10). Die Raketen unterschieden sich in Länge, Startmasse und Durchmesser des Gefechtskopfes.

Einführungszeitraum	1962–1967
Gefechtsmasse (t)	18
Besatzung	5
Abmessung L/B/H (mm)	10860 x 3135 x 2920
Bodenfreiheit (mm)	430
Rakete Variante 1	3R10
Rakete Variante 2	3R9
Kampfsatz	1
Watfähigkeit (m)	1,5
Fahrbereich Str./Gel. (km)	200/165
Höchstgeschwindigkeit (km/h)	40
Steigfähigkeit (Grad)	32
Bezeichnung Motor	W-6
Typ Motor	4-Takt-Diesel/R6
Leistung (PS/kW)	240/176
Hubraum (l)	19,11
Kraftstoffvorrat gesamt (l)	250
Kühlung	Wasser/Ejektor
Federung	Drehstab

Startrampe 2P16 mit Rakete 3R9, die Startschiene ist beim Marsch gesichert.

Startrampe 2P24

Die SR 2P24 gehörte zum mobilen Fla-Raketenkomplex 2K11 »KRUG«. Die Startrampe gewährleistete die Vorstartkontrolle zweier Fla-Raketen 3M8M, deren Transport und Start. Das Basisfahrzeug GM-123 mit Stützrollenlaufwerk nahm unter anderem den Artillerieteil zum Richten der Raketen und die Elemente der autonomen Energieversorgung auf. Die Fla-Raketen 3M8M2 und 3M8M3 nutzten als Starttriebwerk die vier außen angebauten Feststoff-Hilfsraketen, die nach etwa 4 s abgeworfen wurden. Danach flogen die Raketen mit einem Flüssigkeitstriebwerk bis in Höhen von 24.500 Meter und bekämpften das Ziel durch Splitterwirkung. Im Laufe der Zeit wurden die Startrampen modernisiert, so dass auch Startrampen 2P24M und 2P24M2 zum Einsatz kamen.

Einführungszeitraum	ab 1973
Gefechtsmasse (t)	28,5
Besatzung	3
Abmessung L/B/H (mm)	9795 x 4852 x 4622
Bodenfreiheit (mm)	450
Basisfahrzeug	GM-123
Fla-Rakete	3M8M2, -M3
Kampfsatz	2
Watfähigkeit (m)	1
Fahrbereich Str./Gel. (km)	360/255
Höchstgeschwindigkeit (km/h)	63
Steigfähigkeit (Grad)	28
Bezeichnung Motor	W-105W
Typ Motor	4-Takt-Diesel/V12
Leistung (PS/kW)	400/294
Hubraum (l)	38,88
Kraftstoffvorrat gesamt (l)	780
Kühlung	Wasser/Lüfter
Federung	Drehstab

Startrampe 2P24 mit Fla-Raketen 3M8M2, der Artillerieteil wird beim Marsch arretiert.

Aufklärungs- und Zielzuweisungsstation (AZS) 1S32

Einführungszeitraum	ab 1973
Gefechtsmasse (t)	28
Besatzung	4
Abmessung L/B/H (mm)	8240 x 3250 x 5050
Bodenfreiheit (mm)	450
Basisfahrzeug	GM-124
Reichw. Funkmessstation (km)	110
Watfähigkeit (m)	1
Fahrbereich Str./Gel. (km)	300/280
Höchstgeschwindigkeit (km/h)	63
Steigfähigkeit (Grad)	28
Bezeichnung Motor	W-105W
Typ Motor	4-Takt-Diesel/V12
Leistung (PS/kW)	400/294
Hubraum (l)	38,88
Kraftstoffvorrat gesamt (l)	565
Kühlung	Wasser/Lüfter
Federung	Drehstab

Die AZS, auch Raketenleitstation, 1S32 und deren Weiterentwicklungen 1S32M und 1S32M2 gehörten zum Fla-Raketenkomplex 2K11 »KRUG«. Mit Hilfe des aufklappbaren Funkmessteils konnten Luftziele geortet und deren Entfernung bestimmt werden. Die Aufklärungsentfernung betrug dabei bis 110 km. Nachdem die AZS ein Ziel aufgefasst und begleitet hatte, übermittelte sie die Führungskommandos und die Vorhaltekoordinaten an jeweils drei Startrampen gleichzeitig. Sie bestimmte den Zeitpunkt des Starts der Rakete und lenkte diese ins Ziel. Das gepanzerte Basisfahrzeug GM-124 transportierte das Funkmessgerät für die Zielaufklärung und –begleitung, das Funkmessgerät für die Verfolgung und Lenkung der Fla-Rakete, Elemente der Antennensteuerung sowie weitere Anlagen.

AZS 1S32 in Gefechtslage.

Rundblickstation 40

Das Basisfahrzeug 426u nahm die Rundblickstation (RBS) 40 und ihre Versionen A-1 und M-1 sowie die Aufklärungs- und Zielzuweisungsstationen (AZS) 1S12A, 1S12A-1 und 1S12M-1 auf. Es ähnelte im Grundaufbau der schweren Zugmaschine AT-T, hatte aber ein um zwei Laufrollen verlängertes Fahrwerk. Beide Systeme hatten ein ungepanzertes, LKW-artiges Fahrerhaus, dahinter eine leicht gepanzerte Funkmesskabine. Für den Marsch wurde der Reflektor abgebaut und der Länge nach auf dem Kabinendach befestigt. Die Stromversorgung beider Systeme erfolgte über zwei Turbinenelektroaggregate. Jedes Aggregat gab eine Leistung von 75kW, 220V/400Hz ab. Die AZS 1S12A befand sich im Bestand der Einheiten, die mit dem Fla-Raketenkomplex 2K11 Krug ausgerüstet waren. Sie wurde zur automatisierten Zielzuweisung eingesetzt. Ihre Einführung begann 1973 mit Zuführung des Komplexes 2K11

Einführungszeitraum	ab 1970
Gefechtsmasse (t)	36,5
Besatzung	5
Abm. L/B/H (mm) Marsch	9700 x 3300 x 4150
Abm. L/B/H (mm) Arbeit	9700 x 3300 x 6025
Bodenfreiheit (mm)	425
Basisfahrzeug	Bf 426u
Aufklärungsreichweite (km)	300
Watfähigkeit (m)	0,65
Fahrbereich Str./Gel.(km)	200 / -
Höchstgeschwindigkeit (km/h)	35
Steigfähigkeit (Grad)	-
Bezeichnung Motor	W-401G
Typ Motor	4-Takt-Diesel / V-12
Leistung (PS/kW)	410 / 305
Hubraum (l)	38,88
Kraftstoffvorrat gesamt (l)	1420
Kühlung	Wasser / Lüfter
Federung	Drehstab

AZS 1S12A, Exponat des Militärhistorischen Museums der Bundeswehr.

Krug. Die RBS 40 war eine störungsgeschützte Funkmessstation im Bestand von funktechnischen Einheiten und Führungsbatterien der Fla-Raketenregimenter. Sie bestimmte die Koordinaten und die Entfernung zu aufgeklärten Luftzielen, fragt ihre Kennung ab und übermittelt diese Daten an ein automatisiertes Führungs- und Leitsystem. Im Zusammenwirken mit einem Funkmess-Höhenfinder bildet die RBS-40 den Funkmesskomplex RBS-40. Mit Einführung des Fla-Raketenkomplexes 2K12 Kub 1970 erfolgte die Zuführung der RBS-40.

RBS-40, für den Eisenbahntransport musste der Reflektor abgebaut und auf einem extra Waggon mitgeführt werden. Auf dem nachfolgenden Waggon ein Funkmess-Höhenfinder PRW-16B.

Startrampe 2P25M

Einführungszeitraum	ab 1970
Gefechtsmasse (t)	20,6
Besatzung	3
Abmessung L/B/H (mm)	6965 x 3043 x 3196
Bodenfreiheit (mm)	400
Basisfahrzeug	GM-578
Fla-Rakete	3M9M
Kampfsatz	3
Watfähigkeit (m)	1
Fahrbereich Str./Gel. (km)	380/330
Höchstgeschwindigkeit (km/h)	50
Steigfähigkeit (Grad)	30
Bezeichnung Motor	W-6M
Typ Motor	4-Takt-Diesel/R-6
Leistung (PS/kW)	280/206
Hubraum (l)	19,1
Kraftstoffvorrat gesamt (l)	680
Kühlung	Wasser/Ejektor
Federung	Drehstab

Die SR 2P25M, aufgebaut auf dem Basisfahrzeug GM-578, gehörte zum Fla-Raketenkomplex 2K12 »KUB« und wurde in den Fla-Raketen-Regimentern der Divisionen eingesetzt. Sie ermöglichte den aufeinander folgenden Start von drei Raketen bei einem Startintervall von etwa sechs Sekunden. Das gepanzerte Fahrzeug schützte die im Bug des Fahrzeuges untergebrachte Besatzung und die Geräte vor den Gasstrahlen der Fla-Raketen. Die zweistufige Feststoffrakete 3M9M besaß einen Funkmess-Zielsuch-Lenkkopf, der die Fla-Rakete mit Hilfe der vom Ziel reflektierten hochfrequenten Energie an selbiges heranführte. Dabei wurden Ziele in Höhen von 25 Meter bis 14 km angegriffen. In unmittelbarer Zielnähe erfolgte das Ansprechen und Auslösen des Funkzünders mit anschließender Detonation des Gefechtskopfes. Von der SR befanden sich auch die verbesserten Versionen 2P25M2 und 2P25M3 in den Einheiten der Truppenluftabwehr.

Startrampe 2P25M mit Fla-Rakete 3M9M.

Aufklärungs- und Leitstation 1S91M

Einführungszeitraum	ab 1970
Gefechtsmasse (t)	21,5
Besatzung	4
Abmessung L/B/H (mm)	7070 x 3600 x 3440
Bodenfreiheit (mm)	380
Basisfahrzeug	GM-568
Reichw. Funkmessstation (km)	60
Watfähigkeit (m)	1
Fahrbereich Str./Gel. (km)	350/310
Höchstgeschwindigkeit (km/h)	50
Steigfähigkeit (Grad)	30
Bezeichnung Motor	W-6M
Typ Motor	4-Takt-Diesel/R-6
Leistung (PS/kW)	280/206
Hubraum (l)	19,1
Kraftstoffvorrat gesamt (l)	560
Kühlung	Wasser/Ejektor
Federung	Drehstab

Die ALS 1S91M sowie die Version 1S91M2 gehörten zum Fla-Raketen-Komplex 2K12 »KUB«. Sie klärte die Luftlage auf, wählte Ziele aus und fragte die Kennung ab, erfasste und begleitete sie, ermittelte und übertrug die laufenden Zielkoordinaten. Dazu verfügte die ALS über zwei Antennensysteme, die obere Leitstation und die untere Aufklärungsstation mit Kennungsgerät, jedes mit eigenem Richtantrieb. Das gepanzerte Basisfahrzeug GM-568 diente der Aufnahme und dem Transport der Blöcke und Systeme sowie der Unterbringung der Besatzung. Für die Sicherstellung der enormen Energiemenge verfügte das Fahrzeug über eine Gasturbine. Für die Arbeit der Antennensysteme kamen eine Ausfahrvorrichtung und ein Horizontrierungssystem zum Einsatz.

ALS 1S91M in Gefechtslage.

Gefechtsfahrzeug 9A34M und 9A35M

Der Fla-Raketen-Komplex 9K35M »STRELA-10M2« war auf dem schwimmfähigen Mehrzweck-Zug- und Transportmittel MT-LB aufgebaut. Der Komplex bestand aus vier Fahrzeugen, einem Gefechtsfahrzeug 9A35M und drei 9A34M. Die Gefechtsfahrzeuge gewährleisteten den Transport, die Vorstartkontrolle und den Start der Fla-Raketen 9M31M, 9M37 und 9M37M. Das Fahrzeug 9A35M besaß im Unterschied zum Fahrzeug 9A34M drei passive Funkmesspeiler, einer am Bug und jeweils einer rechts und links am hinteren Teil der Wanne, die zum Orten und genauen Peilen von Luftzielen mit eingeschalteten Funkmessmitteln diente. Die aus Containern gestarteten Fla-Raketen bekämpften Ziele auf Entfernungen von 25 bis 3500 Metern bei optischer Sicht. Sie verfügten über einen optisch/infraroten Zielsuchkopf sowie einen Aufschlag- und Annäherungszünder.

Einführungszeitraum	ab 1981
Gefechtsmasse (t)	12,13
Besatzung	3
Abmessung L/B/H (mm)	6930 x 2850 x 3965
Bodenfreiheit (mm)	395
Basisfahrzeug	MT-LB
Fla-Rakete	9M37M
Panzer-MG	PKS 7,62
Kampfsatz	8
Watfähigkeit (m)	schwimmfähig
Fahrbereich Str./Gel. (km)	500/470
Höchstgeschwindigkeit (km/h)	60
Steigfähigkeit (Grad)	30
Bezeichnung Motor	JaMZ-238W
Typ Motor	4-Takt-Diesel/V-8
Leistung (PS/kW)	240/177
Hubraum (l)	14,86
Kraftstoffvorrat gesamt (l)	520
Kühlung	Wasser/Lüfter
Federung	Drehstab

Gefechtsfahrzeug 9A34M, die Funkpeiler fehlen, es ist zusätzlich mit einem Panzer-MG bewaffnet.

Gefechtsfahrzeug 9A34M, Marschlage.

Gefechtsfahrzeug 9A35M, gut erkennbar ein passiver Funkpeiler am Bug.

Artillerie-Funkmessstation-10

Die AFMS-10 diente der Aufklärung von Zielkoordinaten sich bewegender und feststehender Erd- und Überwasserziele sowie dem Ermitteln von Angaben zum Schießen für die eigene Artillerie. Die maximale Aufklärungstiefe lag bei 16 km für SPW oder Panzer. Die Funkmessstation 1RL-232 war im Heck des schwimmfähigen Basisfahrzeuges MT-LB untergebracht. Innerhalb von fünf Minuten konnte die Station entfaltet werden. Dazu wurde die auf dem Turmdach liegende Antenne gehoben und in Gefechtslage gebracht. Das System konnte autonom arbeiten, alle Vermessungs- und Orientierungseinrichtungen führte das Fahrzeug mit. Ab 1982 erfuhr das System eine Modernisierung. Die Ausmaße der AFMS-10-1 änderten sich geringfügig, die Höhe in Gefechtslage betrug nun 2890 mm, weiterhin wurden mehrere Elektronikblöcke ausgetauscht.

Einführungszeitraum	ab 1977
Gefechtsmasse (t)	12,564
Besatzung	4
Abmessung L/B/H (mm)	6430 x 2850 x 2780
Bodenfreiheit (mm)	395
Basisfahrzeug	MT-LB
Panzer-MG	PKT 7,62
Reichw. Funkmessstation (km)	30
Watfähigkeit (m)	schwimmfähig
Fahrbereich Str./Gel. (km)	475/445
Höchstgeschwindigkeit (km/h)	60
Steigfähigkeit (Grad)	30
Bezeichnung Motor	JaMZ-238W
Typ Motor	4-Takt-Diesel/V-8
Leistung (PS/kW)	240/177
Hubraum (l)	14,86
Kraftstoffvorrat gesamt (l)	475
Kühlung	Wasser/Lüfter
Federung	Drehstab

AFMS-10, die Antenne des Systems ist in Arbeitslage.

Brückenlegegerät BLG-34

Der Mangel an beweglichen Übersetzmitteln ließ das Pionierwesen der NVA ab 1957 mit der Entwicklung eines Brückenlegegerätes auf Basis des mittleren Panzers T-34/76 beginnen. Das BLG-34 hatte ein Gesamtgewicht von 34,8 t. Mit der 11,5 Tonnen schweren Brücke konnten 19 Meter breite Hindernisse von bis zu 54 Tonnen schweren Kettenfahrzeugen überwunden werden. Die Zweimann-Besatzung verfügte über ein starres Bug-MG und ein 12,7-mm Fla-MG DSchK. Die aus zwei Hauptteilen bestehende Spurbahnbrücke lag zusammengeklappt auf dem Fahrzeug und wurde nach dem Scherenprinzip verlegt und aufgenommen. Dies erfolgte vollautomatisch durch hydraulische Systeme, der Fahrer brauchte das Fahrzeug nicht zu verlassen. Die Spurbrücke war eine vollgeschweißte Kastenträger-Konstruktion mit fischbauchartig verlaufendem Obergurt.

Entwicklungszeitraum	1957–1958
Gefechtsmasse (t)	34,8
Besatzung	3
Abmessung L/B/H (mm)	10900 x 4100 x 3400
Bodenfreiheit (mm)	390
Basisfahrzeug	T-34/76
Fla-MG	DSchK 12,7
Panzer-MG	DTM 7,62
Kampfsatz Hauptbewaffnung	500
Watfähigkeit (m)	1,3
Fahrbereich Str./Gel. (km)	-
Höchstgeschwindigkeit (km/h)	45
Steigfähigkeit (Grad)	30
Bezeichnung Motor	W-2-34
Typ Motor	4-Takt-Diesel/V-12
Leistung (PS/kW)	450/330
Hubraum (l)	38,88
Kraftstoffvorrat gesamt (l)	840
Kühlung	Wasser/Lüfter
Federung	Schraubenfedern

Brückenlegegerät BLG-34, hier bei der Fahrerprobung im Sommer 1958.

Brückenlegegerät MTU-12

Die Pioniertruppen der NVA erhielten 1962 eine einmalige Lieferung fabrikneuer Brückenlegegeräte MTU-12 aus der Sowjetunion. Die doppelspurige Brücke konnte Kettenfahrzeuge bis 50 Tonnen und Räderfahrzeuge mit einer Achslast von 10 Tonnen befahren. Dabei konnten Hindernisse mit einer Breite von 11 Meter sowie Steilhänge mit einer Höhe von bis zu 2,5 Meter überwunden werden. Mit Hilfe eines Kettenantriebes wurde die gesamte Brücke über den Auslegerahmen abgelegt und wieder aufgenommen. Die Besatzung verblieb bei dieser Arbeit im Fahrzeug.

Brückenlegegerät MTU-12 auf Basis des mittleren Panzers T-54.

Einführungszeitraum	1962
Gefechtsmasse (t)	36
Besatzung	3
Abmessung L/B/H (mm)	12260 x 3270 x 2800
Bodenfreiheit (mm)	425
Basisfahrzeug	T-54
Fla-MG	DschK 12,7
Kampfsatz Hauptbewaffnung	200
Watfähigkeit (m)	1,4
Fahrbereich Gel. (km)	260
Höchstgeschwindigkeit (km/h)	25
Steigfähigkeit (Grad)	18
Bezeichnung Motor	W-54
Typ Motor	4-Takt-Diesel/V-12
Leistung (PS/kW)	520/382
Hubraum (l)	38,88
Kraftstoffvorrat gesamt (l)	900
Kühlung	Wasser/Lüfter
Federung	Drehstab

Brückenlegegerät BLG-60, BLG-60M und BLG-60M2

Die DDR produzierte mit der CSSR das Brückenlegegerät BLG-60 auf Grundlage sowjetischer Lizenzen. Die CSSR lieferte die auf dem Panzer T-55 aufbauenden Basisfahrzeuge, die DDR zeichnete für den pioniertechnischen Aufbau und die Endmontage verantwortlich. Die Brücke wurde nach dem Scherenprinzip verlegt. Dadurch war das Überwinden von bis zu 19 Meter breiten Hindernissen möglich. Bei Mehrfachverlegungen mit bis zu drei Brücken konnten bis 52 Meter überwunden werden. Das BLG konnte größere Wasserhindernisse durch Unterwasserfahrt überwinden. Dazu legte das BLG die Brücke ab und durchfuhr das Wasser. Die

Einführungszeitraum	ab1967
Gefechtsmasse (t)	36
Besatzung	2
Abmessung L/B/H (mm)	10700 x 3270 x 3350
Bodenfreiheit (mm)	425
Basisfahrzeug	T-55A
Hindernisbreite (m)	19
Fahrbahnbreite (m)	3,25
Watfähigkeit (m)	1,4
Fahrbereich Str./Gel. (km)	450/280
Höchstgeschwindigkeit (km/h)	54
Steigfähigkeit (Grad)	30
Bezeichnung Motor	W-55
Typ Motor	4-Takt-Diesel/V-12
Leistung (PS/kW)	580/426
Hubraum (l)	38,88
Kraftstoffvorrat gesamt (l)	1360
Kühlung	Wasser/Lüfter
Federung	Drehstab

BLG-60 in Marschlage.

schwimmende Brücke zog eine Panzerzugmaschine über das Wasser. Dann nahm das Basisfahrzeug die Brücke wieder auf. Bei Bahnverladungen mussten Basisfahrzeug und Brücke extra verladen werden. Mit den Modernisierungen der Panzer T-55 erhielten auch die Basisfahrzeuge unter anderem neue Ketten und damit das Brückenlegegerät die Bezeichnung BLG-60M. Durch die Einführung des Panzers T-72 mussten die Spurbrücken um insgesamt 20 cm verbreitert werden. Das Fahrzeug erhielt die Bezeichnung BLG-60M2.

BLG-60M, Heckansicht.

BLG-60M, auf Grund der Höhe des BLG musste die Brücke beim Eisenbahntransport auf einem Extra-Waggon verladen werden.

Brückenlegepanzer BLP-72

Zum Überwinden von Hindernissen bis 25 Meter sollten die T-72-Einheiten einen Brückenlegepanzer auf Basis des T-72 erhalten. Auch hier arbeiteten die DDR, Polen und die CSSR zusammen, die DDR zeichnete als Hersteller des pioniertechnischen Aufbaus und Finalproduzent verantwortlich. Technische Probleme, zum Beispiel die Konstruktion der überlappenden Doppelschere, ließen den Terminplan mehrere Male platzen. 1988 wurden zwei Erprobungsmuster fertiggestellt und intensiv getestet. Schließlich wurde 1989 ein Exemplar der NVA übergeben. Bei der Überwindung von größeren Wasserhindernissen legte der BLP die Brücke als Paket ab, durchfuhr das Hindernis und zog dabei die Brücke mit ans andere Ufer. Dort nahm er das Brückenpaket wieder auf. Zur Einführung in die Truppenteile der NVA ist es nicht mehr gekommen.

Einführungszeitraum	1988
Gefechtsmasse (t)	47,5
Besatzung	2
Abmessung L/B/H (mm)	11000 x 3800 x 3800
Bodenfreiheit (mm)	428
Basisfahrzeug	T-72
Hindernisbreite (m)	24,2
Fahrbahnbreite (m)	3,8
Watfähigkeit (m)	1,2
Fahrbereich Str./Gel. (km)	650/550
Höchstgeschwindigkeit (km/h)	60
Steigfähigkeit (Grad)	30
Bezeichnung Motor	W-46-6
Typ Motor	4-Takt-Vielstoff/V-12
Leistung (PS/kW)	780/575
Hubraum (l)	38,88
Kraftstoffvorrat gesamt (l)	1275
Kühlung	Wasser/Lüfter
Federung	Drehstab

BLP-72 in Marschlage.

BLP-72 beim Ablegen der Brücke.

BLP-72, zum Überwinden eines Wasserhindernisses wird die Brücke als Paket abgelegt und vom Basisfahrzeug schwimmend durchs Wasser geschleppt.

Minenräumfahrzeug 50PK (SPW)

Das Minenräumfahrzeug 50PK (SPW) wurde in den Pionierbrigaden, im Bestand von Sperrenräumgruppen, zum Schaffen von Gassen in Minenfeldern eingesetzt. Jeweils zwei Fahrzeuge, ausgerüstet mit einem Satz gestreckter Ladungen »WLWD« (zwei Ladungen in zwei Startbehältern verpackt), gehörten zu einer Gruppe. Umgerüstet in Truppenwerkstätten der NVA, konnten Gassen von bis zu 100 Meter Länge geschaffen werden. Dabei wurde jede Minenräumladung »WLWD« mit einem Raketentriebwerk rund 250 Meter weit gezogen und zur Explosion gebracht. Über dem Motorraum des SPW wurden zwei schiefe Ebenen aufgebaut, über die die Startbehälter mittels fahrzeugeigenem Flaschenzug gezogen und auf dem Mannschaftraum arretiert wurden. Nach Verschuss einer Ladung wurde der betreffende Behälter entarretiert und durch scharfes Anfahren zum Abrutschen gebracht.

Umrüstungszeitraum	1986–1989
Gefechtsmasse (t)	15,6
Besatzung	2
Abmessung L/B/H (mm)	7070 x 3140 x 2770
Bodenfreiheit (mm)	365
Minenräumladung	WLWD 100/5000
Kampfsatz	2
Länge Gasse (m)	100
Basisfahrzeug	SPW-50PK
Panzer-MG	PKT 7,62
Watfähigkeit (m)	schwimmfähig
Fahrbereich Str./Gel.(km)	345/270
Höchstgeschwindigkeit (km/h)	42
Steigfähigkeit (Grad)	38
Bezeichnung Motor	W-6
Typ Motor	4-Takt-Diesel/R-6
Leistung (PS/kW)	240/176
Hubraum (l)	19,11
Kraftstoffvorrat gesamt (l)	250
Kühlung	Wasser/Ejektor
Federung	Drehstab

Minenräumfahrzeug 50PK (SPW), beladen mit zwei Containern.

Minenräumfahrzeug 50PK (SPW), dieses Fahrzeug gehört zum Fundus des Militärhistorischen Museums der Bundeswehr Dresden. Ab Ende der 80er Jahre wurden bereits die ersten NVA-Fahrzeuge mit einem neuen Verzerrungsanstrich versehen.

Minenräumfahrzeug 50PK (SPW), beladen mit zwei Containern, über dem Motorraum sind die schiefen Ebenen zu erkennen.

Minenlegegerät »SUM«

Das MLG »SUM« sollte im Rahmen der beweglichen Sperrabteilung bzw. der Panzerabwehrreserve eingesetzt werden. Mit ihm war es erstmalig möglich, Minen in panzergängigem und konterminiertem Gelände zu verlegen. Im Laderaum des Fahrzeuges befanden sich zwei Magazine mit je 125 Minen. Der Antrieb der Magazine erfolgte hydro-mechanisch, ein Bordrechner steuerte sämtliche Bewegungsabläufe der Minenlegeeinrichtung und überwachte ihre sichere Funktion. Es gab zwei Varianten der Magazinbefüllung. Entweder wurden die Magazine außerhalb des Fahrzeuges mit Hilfe eines Hilfsantriebes gefüllt, oder die im Fahrzeug befindlichen Magazine wurden über zwei Ladeluken am Heck von Hand aufmunitioniert. Die Abstände zwischen den Minen, offen oder verdeckt auf verschiedenen Bodenarten verlegt, konnten zwischen vier bis zwölf Metern variieren. Das MLG war eine Gemeinschaftsentwicklung zwischen Polen (Basisfahrzeug) und der DDR (Verlegeeinrichtung), in der NVA kam es nicht mehr zum Einsatz.

Einführungszeitraum	nur Prototyp
Gefechtsmasse (t)	32
Besatzung	2
Abmessung L/B/H (mm)	10410 x 2870 x 3354
Bodenfreiheit (mm)	425
Panzerminen (Stk.)	250
Fla-MG	NSWT 12,7
Kampfsatz Fla-MG	500
Watfähigkeit (m)	1,2
Fahrbereich Str./Gel. (km)	500/450
Höchstgeschwindigkeit (km/h)	65
Steigfähigkeit (Grad)	25
Bezeichnung Motor	W-46-261
Typ Motor	4-Takt-Vielstoff/V-12
Leistung (PS/kW)	710/522
Hubraum (l)	38,88
Kraftstoffvorrat gesamt (l)	-
Kühlung	Wasser/Lüfter
Federung	Drehstab

Minenlegegerät »SUM« bei der Erprobung.

Pioniergerätesätze auf SPW-50PK und MT-LB (Pi)

Der SPW-50PK wurde für den Transport und den Einsatz von Pioniergerätesätzen eingesetzt. Der PGS-3 diente den allgemeinen Pionierzügen zur unmittelbaren Lösung von Aufgaben der Pioniersicherstellung. Der PGS-4, Transportmittel SPW-50PK (UF), wurde für die Sicherstellung der Aufgaben einer Pioniergruppe bei der Vorbereitung und Durchführung der Unterwasserfahrt mit Panzern benötigt. Eine Zusammenstellung von Pioniergeräten, unter anderem Schneid- und Hohlladungen sowie Sprengstoff, die die Sperrpionierzüge zur Aufklärung, Lokalisierung und Beseitigung von Kernminen benötigten, befand sich im PGS-5 auf dem SPW-50PK (KM). Für den sicheren Transport des Sprengstoffes befanden

Umrüstungszeitraum	1977–1987
Gefechtsmasse (t)	12
Besatzung	8
Abmessung L/B/H (mm)	6454 x 2850 x 2505
Bodenfreiheit (mm)	395
Basisfahrzeug	MT-LB
Panzer-MG	PKT 7,62
Kampfsatz Hauptbewaffnung	1000
Watfähigkeit (m)	schwimmfähig
Fahrbereich Str./Gel. (km)	500/470
Höchstgeschwindigkeit (km/h)	61,5
Steigfähigkeit (Grad)	35
Bezeichnung Motor	JaMZ-238W
Typ Motor	4-Takt-Diesel/V-8
Leistung (PS/kW)	240/177
Hubraum (l)	14,86
Kraftstoffvorrat gesamt (l)	520
Kühlung	Wasser/Lüfter
Federung	Drehstab

PGS-5 auf SPW-50PK (KM), auf dem Heck ein spezieller Transportbehälter für Sprengstoff.

sich auf dem Heck des Fahrzeuges spezielle Transportbehälter. Mit Einfuhr des Mehrzweck-, Zug- und Transportmittels MT-LB konnten die veralteten SPW-50PK aus den Pioniereinheiten herausgelöst werden. Die Fahrzeuge erhielten in den Truppenwerkstätten die entsprechenden Veränderungen und Zusätze für die PGS-3, PGS-4 und PGS–5.

MT-LB (Pi) mit PGS-3: Der große Transportkasten auf dem Heck ist unter anderem für die sichere Unterbringung des Sprengstoffes bestimmt.

Großer Schwimmwagen K-61

Der große Schwimmwagen K-61 kam zum Übersetzen von Artillerie, Kfz. und Mot.-Schützen-Einheiten in die Pioniereinheiten der NVA. Der bootsförmige Rumpf wurde auf dem Wasser durch zwei Antriebsschrauben, welche in Tunneln im Heckteil untergebracht sind, angetrieben. Die Steuerung erfolgte dabei sowohl durch zwei Steuerruder als auch die Änderung der Drehrichtung der Schrauben. Beim K-61 kam ein Stützleisten-Laufwerk zum Einsatz. Die zwei Stützleisten hielten und führten den oberen Kettenstrang. Zur Ausrüstung gehörte eine Seilwinde, mit deren Hilfe Geschütze und deren Zugmittel auf das Fahrzeug gezogen werden konnten. Zwei über das Verteilergetriebe angetriebene Lenzpumpen mit einer Saugleistung von je 400 l/min erhielten die Schwimmfähigkeit des Fahrzeuges bei Beschädigungen der Wanne. Der K-61 konnte ein Geschütz mit Bedienung, einen LKW oder einen komplett ausgerüsteten Landungstrupp in einer Stärke von 40 Mann übersetzen.

Einführungszeitraum	ab 1956
Gefechtsmasse (t)	9550
Besatzung	2
Abmessung L/B/H (mm)	9150 x 3150 x 2150
Bodenfreiheit (mm)	360
Nutzlast (t)	5
Transportkapazität (Personen)	40
Watfähigkeit (m)	schwimmfähig
Fahrbereich Str./Gel.(km)	260 / 170
Höchstgeschwindigkeit (km/h)	35
Schwimmgeschw. (km/h)	10
Steigfähigkeit (Grad)	42
Bezeichnung Motor	Jas-204W
Typ Motor	2-Takt-Diesel / R-4
Leistung (PS/kW)	135 / 100
Hubraum (l)	4,65
Kraftstoffvorrat gesamt (l)	260
Kühlung	Wasser / Lüfter
Federung	Drehstab

K-61, über die breite, abklappbare Rampe wurde das Fahrzeug be- und entladen.

Schwimmwagen PTS-M

Einführungszeitraum	ab 1967
Gefechtsmasse (t)	17,7
Besatzung	2
Abmessung L/B/H (mm)	11.500 x 3300 x 2650
Bodenfreiheit (mm)	230
Nutzlast (t)	10
Transportkapazität (Personen)	70
Watfähigkeit (m)	schwimmfähig
Fahrbereich Str./Gel.(km)	500 / 470
Höchstgeschwindigkeit (km/h)	42
Schwimmgeschw.(km/h)	10
Steigfähigkeit (Grad)	30
Bezeichnung Motor	W-54P
Typ Motor	4-Takt-Diesel / V-12
Leistung (PS/kW)	350 / 257
Hubraum (l)	38,88
Kraftstoffvorrat gesamt (l)	705
Kühlung	Wasser
Federung	Drehstab

Der Schwimmwagen PTS-M war ein nichtgepanzertes Vollkettenfahrzeug, das zum Übersetzen von Artillerie, Fahrzeugen und Landungstrupps eingesetzt wurde. Ein modifizierter Panzermotor mit 350 PS diente als Antrieb. Mittels zweier Schraubenantriebe erreichte das mit maximal 10 Tonnen belastbare Fahrzeug im Wasser eine maximale Geschwindigkeit von 10 km/h. Neben der Verwendung als Übersetzmittel kam die PTS-M auch mit Seeausrüstung zum Verlegen von Landeabwehrminen zum Einsatz. Durch Kombination von PTS-M und Schwimmwagenanhänger PKP konnte ein komplettes Artilleriesystem, bestehend aus Zugmittel Ural-375D sowie zum Beispiel einer Haubitze D-30 mit Bedienung gleichzeitig auch über große Wasserhindernisse übergesetzt werden. Dabei wurde das Geschütz auf dem Anhänger PKP verlastet, der eine Tragfähigkeit von 5 Tonnen aufwies.

PTS-M, die Rampe wurde mit Hilfe einer Seilwinde bewegt.

PTS-M mit Anhänger PKP, das Geschütz wurde mit Hilfe der Seilwinde der PTS-M auf den Anhänger PKP gezogen.

PTS-M, beladen mit einem Ural 375, bei dem die Fahrzeugplane aus Sicherheitsgründen zur Hälfte zurückgeschlagen wurde.

Selbstfahrende Fähre GSP-55

Die selbstfahrende Fähre GSP-55 bestand aus zwei nichtgepanzerten, geländegängigen Fahrzeugen, die nicht unabhängig voneinander als Übersetzmittel eingesetzt werden konnten. Beide Fähren durften frühestens gekoppelt werden, nachdem sie schwammen. Erst jetzt konnten die Pontons ausgeklappt werden. Die Halbfähre verwendete einen Großteil ihrer technischen Einrichtung vom Schwimmpanzer PT-76. So den modifizierten Motor, die Hauptkupplung, das Wechselgetriebe, die Lenkung, das Seitenvorgelege, Elemente des Fahrwerkes und der elektrischen Anlage, um nur die wichtigsten zu nennen. Die Pontons waren mit Penoplast gefüllt, wodurch die Fähre auch bei Beschädigungen schwimmfähig blieb. Über Rampen befuhren und verließen Fahrzeuge mit einem maximalen Gewicht von 52 Tonnen die Fähre. Mit 6 km/h konnten die Wasserhindernisse überwunden werden.

Einführungszeitraum	ab 1962
Gefechtsmasse (t)	17
Besatzung	3
Abmessung L/B/H (mm)	12.000 x 3240 x 3200
Bodenfreiheit (mm)	350
Nutzlast (t)	52
Transportkapazität (Personen)	12
Watfähigkeit (m)	schwimmfähig
Fahrbereich Str./Gel.(km)	350 / 250
Höchstgeschwindigkeit (km/h)	40
Schwimmgeschw. (km/h)	10
Steigfähigkeit (Grad)	25
Bezeichnung Motor	1-8D6
Typ Motor	4-Takt-Diesel / R-6
Leistung (PS/kW)	240 / 176
Hubraum (l)	19,1
Kraftstoffvorrat gesamt (l)	270
Kühlung	Wasser
Federung	Drehstab

GSP-55, rechte Halbfähre.

Sanitäts-MT-LB

Der Sanitäts - MT-LB war ein Fahrzeug für den Geschädigtentransport in der taktischen Ebene, also MSR und PR auf der Basis des Mehrzweck-, Zug- und Transportmittels MT-LB. Es löste den Vorgänger auf SPW-152K ab und übernahm die Aufgaben der Bergung und des Abtransportes von Geschädigten vom Gefechtsfeld. Dabei bestand die Möglichkeit, vier Geschädigte liegend oder sechs sitzend zu transportieren. Die Bewaffnung wurde ausgebaut, der Öffnungswinkel der Hecktüren vergrößert und die Ausleuchtung im Mannschaftsraum verstärkt. Für die Suche von Geschädigten bei Nacht kam ein Nachtsichtgerät mit Infrarotscheinwerfer auf der Kommandantenluke zum Einsatz. Zur Kennzeichnung erhielt das Fahrzeug an den Seiten und auf dem Wannendach das rote Kreuz.

Einführungszeitraum	1971–1989
Gefechtsmasse (t)	11,9
Besatzung	2
Abmessung L/B/H (mm)	6454 x 2850 x 1865
Bodenfreiheit (mm)	395
Basisfahrzeug	MT-LB
Watfähigkeit (m)	schwimmfähig
Fahrbereich Str./Gel. (km)	500/470
Höchstgeschwindigkeit (km/h)	61,5
Steigfähigkeit (Grad)	35
Bezeichnung Motor	JaMZ-238W
Typ Motor	4-Takt-Diesel/V-8
Leistung (PS/kW)	240/177
Hubraum (l)	14,86
Kraftstoffvorrat gesamt (l)	520
Kühlung	Wasser/Lüfter
Federung	Drehstab

Sanitäts-MT-LB für den Geschädigtentransport, unter anderem wurde der Turm entfernt.

MT-LB als Zugmittel für die 100-mm-Pak T-12 und die 100-mm-Pak MT-12

Einführungszeitraum	1971–1989
Gefechtsmasse (t)	11,597
Besatzung	6
Abmessung L/B/H (mm)	6454 x 2850 x 1865
Bodenfreiheit (mm)	395
Zugmittel für	Pak T-12 oder MT-12
Panzer-MG	PKT 7,62
Kampfsatz Hauptbewaffnung	1000
Watfähigkeit (m)	schwimmfähig
Fahrbereich Str./Gel. (km)	500/470
Höchstgeschwindigkeit (km/h)	61,5
Steigfähigkeit (Grad)	35
Bezeichnung Motor	JaMZ-238W
Typ Motor	4-Takt-Diesel/V-8
Leistung (PS/kW)	240/177
Hubraum (l)	14,86
Kraftstoffvorrat gesamt (l)	520
Kühlung	Wasser/Lüfter
Federung	Drehstab

Das schwimmfähige Mehrzweck-Zug- und Transportmittel MT-LB wurde in der NVA als Zugmittel für Artilleriebewaffnung sowie als Transportmittel für Armeeangehörige und Ausrüstung eingesetzt. Es war auf Grund seiner guten Geländegängigkeit und hohen Geschwindigkeit in der Lage, der Gefechtsordnung der Panzer- und Mot.-Schützen-Einheiten zu folgen. Als Zugmittel für die 100-mm-Panzerabwehrkanone T-12 und deren Nachfolger MT-12 musste zusätzliche Ausrüstung, wie Granatschränke für 20 Granaten, Pioniergeräte, Beobachtungs- und Nachrichtenmittel, im

Erprobung eines der ersten MT-LB im Winter 1971.

Fahrzeug untergebracht werden. Zum Einsatz kam das Zugmittel in den Panzerjägerabteilungen. In jeder der drei Batterien waren sechs Zugmittel für die Pak, ein Führungsfahrzeug für den Batteriechef und ein sogenanntes »Ersatzzugmittel der PJB auf MT-LB« für den Hauptfeldwebel vorhanden. Dieses Ersatzfahrzeug konnte bei Ausfall eines Zugmittels sofort eingesetzt werden. Außerdem transportierte es auf dem Heck des Fahrzeuges ein Abschussgestell für das Fallschirmleuchtgeschoss-5000.

MT-LB, seine niedrige Silhouette prädestinierte dieses Fahrzeug für die Panzerjäger.

MT-LB als Zugmittel für die 100-mm-Pak T-12. Auf dem Fahrzeugheck befinden sich vier Kisten mit Pioniergeräten, Unterkaliber- und Hohlladungsgranaten.

Universal Carrier Mk I

Zur Erstausstattung der Hauptverwaltung für Ausbildung (HVA) gehörten auch britische »Universal Carrier Mk I«. Dies waren die ersten gepanzerten Vollkettenfahrzeuge, die im März 1949 als »Schlepper englischer Herkunft« übernommen wurden. In der HVA und später auch in der KVP wurden diese Fahrzeuge zum Transport von Personal und Materialien genutzt, sie kamen aber auch als Munitionsschlepper zum Einsatz. Die Besatzung bestand aus zwei Mann, zusätzlich konnten bis zu sechs Schützen transportiert werden. Der Transporter war das einzige Fahrzeug, das in beiden deutschen Streitkräften zum Einsatz kam. 1953 wurden sämtliche Universal Carrier Mk I an die Hauptverwaltung der Volkspolizei übergeben. Welche der mindestens acht Versionen in der HVA – KVP zum Einsatz kamen, ist nicht mehr zu klären. Sicher ist, dass die Version Mk I genutzt wurde.

Einführungszeitraum	1949
Gefechtsmasse (t)	3,75
Besatzung	2
Abmessung L/B/H (mm)	3650 x 2130 x 1600
Bodenfreiheit (mm)	202
Kettenbreite (mm)	24
Kletterfähigkeit (m)	0,63
Höchstgeschwindigkeit (km/h)	48
Typ Motor	4-Takt-Otto/V-8
Bohrung (mm)	77
Hub (mm)	95
Kraftstoffvorrat gesamt (l)	90
Kühlung	Wasser/Lüfter
Federung	Spiralfedern

Universal Carrier Mk I, am Heck des Kampfraumes ist eine zusätzliche Laufrolle befestigt, ein typisches Merkmal der ersten Version.

Panzerzugmaschine T-34T

Zum Abschleppen und Bergen von leicht festgefahrener Technik und zur technischen Sicherstellung geeignet und vom RWN dazu ausgerüstet, wurde ein Teil der in der NVA eingesetzten mittleren Panzer T-34/76 zu Panzerzugmaschinen T-34T umgerüstet. Der Turm wurde abgenommen, die Öffnung verschlossen. Am Bug kam eine abklappbare Bugsiervorrichtung zum Einsatz, Werkzeuge und Vorrichtungen der Instandsetzung konnten im Kampfraum untergebracht werden. Im Rahmen der Modernisierung der Panzer T-34/85 erhielten auch die Zugmaschinen T-34T neue Luftfilter, eine Feuerlöschanlage und zwei Rollreifenfässer nebst Halterungen am Heck. Ein Teil der T-34T erhielt über dem Motorraum einen Transportkasten für weitere Ausrüstung und Werkzeug. Mit der Einführung des zehn Tonnen schwereren Panzers T-54 erfüllten diese Zugmaschinen die Aufgaben nur noch eingeschränkt.

Umrüstungszeitraum	1957–1960
Gefechtsmasse (t)	26
Besatzung	2
Abmessung L/B/H (mm)	6100 x 3000 x 1700
Bodenfreiheit (mm)	390
Basisfahrzeug	T-34/76
Panzer-MG	DTM 7,62
Kampfsatz	1600
Watfähigkeit (m)	1,3
Fahrbereich Str./Gel. (km)	540/370
Höchstgeschwindigkeit (km/h)	60
Steigfähigkeit (Grad)	30
Bezeichnung Motor	W-2-34
Typ Motor	4-Takt-Diesel/V-12
Leistung (PS/kW)	500/368
Hubraum (l)	38,88
Kraftstoffvorrat gesamt (l)	920
Kühlung	Wasser/Lüfter
Federung	Drehstab

PZM T-34T, mit Bugsiervorrichtung am Bug, hier ohne Transportkasten.

Panzerzugmaschine T-34T auf Basis SU-85 und SU-100

Umrüstungszeitraum	1961–1963
Gefechtsmasse (t)	26
Besatzung	2
Abmessung L/B/H (mm)	6100 x 3000 x 2245
Bodenfreiheit (mm)	390
Watfähigkeit (m)	1,3
Fahrbereich Str./Gel. (km)	500/320
Höchstgeschwindigkeit (km/h)	60
Steigfähigkeit (Grad)	30
Bezeichnung Motor	W-2-34
Typ Motor	4-Takt-Diesel/V-12
Leistung (PS/kW)	500/368
Hubraum (l)	38,88
Kraftstoffvorrat gesamt (l)	920
Kühlung	Wasser/Lüfter
Federung	Drehstab

Sämtliche Selbstfahrlafetten SU-85 und SU-100 wurden Anfang der 60er Jahre einer neuen Bestimmung zugeführt. Nach dem Ausbau der Bewaffnung rüstete das RWN einen Teil dieser SFL zu Panzerzugmaschinen T-34T um. Alle notwendigen Werkzeuge, Ersatzteile und das entsprechende Zubehör konnten im Kampfraum eingebaut werden. Am Bug kam eine Bugsiervorrichtung zum Einsatz. Mit der Modernisierung der Panzer T-34/85 bekamen auch die umgerüsteten SFL eine Feuerlöschanlage, einen verbesserten Luftfilter und zwei Rollreifenfässer in die Ausrüstung. Die Bergung des mittleren Panzers T-54 konnten die SFL auf Grund ihres zu geringen Eigengewichtes nur noch unzureichend erfüllen und wurden deshalb in Reserveeinheiten versetzt.

PZM T-34T auf Basis SFL SU-85: die Bugsiervorrichtung auf dem Bug abgelegt.

Panzerzugmaschine T-34TB mit Bergesatz

Umrüstungszeitraum	1957–1960
Gefechtsmasse (t)	29
Besatzung	2
Abmessung L/B/H (mm)	6100 x 3000 x 2600
Bodenfreiheit (mm)	370
Panzer-MG	DTM 7,62
Kampfsatz	945
Watfähigkeit (m)	1,3
Fahrbereich Str./Gel.(km)	540/370
Höchstgeschwindigkeit (km/h)	55
Steigfähigkeit (Grad)	30
Bezeichnung Motor	W-2-34
Typ Motor	4-Takt-Diesel/V-12
Leistung (PS/kW)	500/368
Hubraum (l)	38,88
Kraftstoffvorrat gesamt (l)	1030
Kühlung	Wasser/Lüfter
Federung	Drehstab

Zur Bergung mittel und schwer festgefahrener Panzertechnik wurden Zugkräfte bis 140 Tonnen benötigt. Diese Aufgaben sollten die Panzerzugmaschinen T-34TB mit Bergesatz erfüllen. Genutzt wurde ein Teil der Fahrwerke des mittleren Panzers T-34/76 und der SFL SU-85 und SU-100. Der ehemalige Kampfraum nahm einen Teil des Bergesatzes auf, auf dem Heck kam ein Transportkasten zum Einsatz, in dem weitere Teile des Bergesatzes, aber auch Ersatzteile gelagert werden konnten. Zur weiteren Ausrüstung gehörte eine Bugsiervorrichtung auf dem Wannenbug. Auf der Wanne fand eine Kabeltrommel mit einem 200 Meter langen Drahtseil Platz, weitere Seile lagen in Halterungen auf der Wanne.

PZM T-34TB mit Bergesatz auf Basis des Panzers T-34/76.

Panzerzugmaschine BTS-2

Mit der Einführung des Panzers T-54 und seiner Versionen wurde eine Zugmaschine benötigt, die als Sicherstellung für die Unterwasserfahrt eingesetzt werden konnte. Eine einmalige Lieferung von Panzerzugmaschinen BTS-2 aus der UdSSR konnte erst ab 1964 Abhilfe schaffen. Die Panzerzugmaschine war in der Konstruktion einfach. Sie bestand aus der Wanne des mittleren Panzers T-54 und einem aufgesetzten Transportkasten mit einer Tragkraft von vier Tonnen. Hier transportierte der BTS-2 die Elemente eines Bergesatzes und eines aufsetzbaren Kranes. Rechts neben der Fahrerluke erhielt der Kommandant seine Luke. Am Heck ergänzte ein absenkbarer Erdsporn die Ausrüstung.

Einführungszeitraum	1964
Gefechtsmasse (t)	32
Besatzung	2
Abmessung L/B/H (mm)	6040 x 3270 x 2500
Bodenfreiheit (mm)	440
Basisfahrzeug	T-54
Tragkraft Kran (kg)	3000
Zugkraft (t)	25
Watfähigkeit (m)	1,4
Fahrbereich Str./Gel. (km)	550/300
Höchstgeschwindigkeit (km/h)	50
Steigfähigkeit (Grad)	30
Bezeichnung Motor	W-54
Typ Motor	4-Takt-Diesel/V-12
Leistung (PS/kW)	520/382
Hubraum (l)	38,88
Kraftstoffvorrat gesamt (l)	975
Kühlung	Wasser/Lüfter
Federung	Drehstab

PZM BTS-2, hier ein russisches Fahrzeug, die Kommandantenluke ist geöffnet, auf dem Fahrzeugbug ein Element des Kranes.

Panzerzugmaschine T-54T

Aus Mangel an Panzerzugmaschinen für die Panzer T-54 und T-55 importierte die DDR zehn Fahrgestelle des T-54A aus Polen und rüstete diese in der Panzerwerkstatt-2 zu T-54T um. Der T-54T war UF-tauglich, verfügte über eine Kernwaffenschutzanlage, eine Bergeausrüstung, eine Bugsiervorrichtung und einen Anbaukran mit einer Tonne Nutzlast. Ein 30 cm hoher gepanzerter Aufbau deckte die Turmöffnung ab. In ihm befand sich die abnehmbare Ladeschützenluke, die das zweite MG in Lafette aufnahm. Bei Unterwasserfahrt wurde die Ladeschützenluke gegen das UF-Rohr getauscht. Neben der Gasschweißausrüstung befanden sich ein Teil der Ausrüstung und Ersatzteile in den zwei großen Ersatzteilkästen auf dem gepanzerten Aufbau. Anstelle des Granatschrankes in der Wanne vorn rechts wurde der Sitz des Kommandanten und die Funkanlage eingebaut. Der Kommandant erhielt eine Luke in der Wannendecke. Im Kampfraum waren vier Werkzeugkästen und ein Satz Spezialwerkzeug verstaut. Eingesetzt wurden die Panzerzugmaschinen in den Instandsetzungskompanien und den Panzerwerkstätten der MSR, PR und der Militärbezirke.

Umrüstungszeitraum	1965–1966
Gefechtsmasse (t)	31,5
Besatzung	2
Abmessung L/B/H (mm)	7050 x 3270 x 2500
Bodenfreiheit (mm)	440
Basisfahrzeug	T-54A
Panzer-MG	2 x SGMT 7,62
Kampfsatz	2000
Watfähigkeit (m)	1,4
Fahrbereich Str./Gel. (km)	550/300
Höchstgeschwindigkeit (km/h)	50
Steigfähigkeit (Grad)	30
Bezeichnung Motor	W-54
Typ Motor	4-Takt-Diesel/V-12
Leistung (PS/kW)	520/382
Hubraum (l)	38,88
Kraftstoffvorrat gesamt (l)	1050
Kühlung	Wasser/Lüfter
Federung	Drehstab

PZM T-54T aus DDR-Produktion. Mittig auf der Wanne befindet sich das UF-Ausstiegsrohr hinter der Ladeschützenluke.

PZM T-54T, Seitenansicht, kurz vor der Verschrottung 1994.

PZM T-54T, gut zu erkennen der gepanzerte Aufbau mit der integrierten Ladeschützenluke.

Panzerzugmaschine T-54TB mit Bergeausrüstung

Umrüstungszeitraum	1965
Gefechtsmasse (t)	34,5
Besatzung	2
Abmessung L/B/H (mm)	7050 x 3270 x 2650
Bodenfreiheit (mm)	430
Basisfahrzeug	T-54A
Panzer-MG	2 x SGMT 7,62
Kampfsatz	2000
Watfähigkeit (m)	1,4
Fahrbereich Str./Gel. (km)	550/300
Höchstgeschwindigkeit (km/h)	50
Steigfähigkeit (Grad)	30
Bezeichnung Motor	W-54
Typ Motor	4-Takt-Diesel/V-12
Leistung (PS/kW)	520/382
Hubraum (l)	38,88
Kraftstoffvorrat gesamt (l)	1050
Kühlung	Wasser/Lüfter
Federung	Drehstab

Neben den zehn Panzerzugmaschinen T-54T wurden auch zehn Panzerzugmaschinen T-54TB mit Bergeausrüstung für die NVA mit Hilfe der polnischen Fahrgestelle umgerüstet. Die Veränderungen an den Basisfahrzeugen waren beim T-54T und beim T-54TB identisch. Das Fahrzeug verfügte über eine hinten rechts auf dem Heck befindliche Seilwinde (quer zur Fahrtrichtung) mit einer Zugkraft von 140 Tonnen. Sie wurde durch einen E-Motor angetrieben, der seine Energie von einem Notstromaggregat bezog. Links daneben war ein Transportkasten mit einer Tonne Zuladung aufgebaut, dazwischen, hinter der ehemaligen Ladeschützenluke, das UF-Ausstiegsrohr. Das UF-Rohr war durch ein Scharnier auf dem Fahrzeug befestigt und wurde mit Hilfe einer Seilwinde aufgerichtet. Die Seile des Bergesatzes befanden sich in rahmenförmigen Halterungen, die an Bug, Heck und Kettenabdeckungen angeschweißt waren. Dadurch waren sie gegen Verrutschen gesichert. Weiterhin gehörten eine Kernwaffenschutzanlage, eine Gasschweißausrüstung sowie eine Bugsiervorrichtung am Bug zur Ausrüstung.

PZM T-54TB, auf dem Heck rechts die Seilwinde, das UF-Ausstiegsrohr und der Transportkasten. Die Stahlseile sind durch die markante Schutzvorrichtung nach vorn geschützt.

PZM T-54TB, Detailaufnahme der Seilwinde mit 140 Tonnen Zugkraft.

PZM T-54TB, Blick auf die geöffnete Fahrerluke, rechts davon die Kommandantenkuppel. Gut zu erkennen die rahmenförmige Halterung für die Seile des Bergesatzes.

Panzerzugmaschine T-55T

Einführungszeitraum	1968–1982
Gefechtsmasse (t)	36
Besatzung	3
Abmessung L/B/H (mm)	7120 x 3275 x 2840
Bodenfreiheit (mm)	425
Basisfahrzeug	T-55A
Panzer-MG	PKT-1 7,62
Kampfsatz	1250
Watfähigkeit (m)	1,4
Fahrbereich Str./Gel. (km)	600/345
Höchstgeschwindigkeit (km/h)	50
Steigfähigkeit (Grad)	32
Bezeichnung Motor	W-55A
Typ Motor	4-Takt-Diesel/V-12
Leistung (PS/kW)	580/425
Hubraum (l)	38,88
Kraftstoffvorrat gesamt (l)	1360
Kühlung	Wasser/Lüfter
Federung	Drehstab

Das am häufigsten eingesetzte Berge- und Abschleppfahrzeug auf Panzerfahrgestell in der NVA war die Panzerzugmaschine T-55T auf Basis des mittleren Panzers T-55A. Die Bugplatte der Wanne wurde weiter nach oben gezogen, die Fahrerluke musste konstruktiv verändert werden. Der Kommandant erhielt einen Turm, auf dem auch das Panzer-MG in Lafette aufgebaut werden konnte. Zum Einsatz kam das modifizierte MG PKT-1 mit Kimme und Korn. Das Fahrzeug war UF-tauglich und konnte mit eingeschalteter Kernwaffenschutzanlage kontaminierte Geländeabschnitte überwinden. Rechts am Heck befand sich ein hydraulischer Kran mit drei Tonnen Tragfähigkeit. Mit Hilfe der Hauptseilwinde, untergebracht im Seilwinderaum, konnten bis 25 Tonnen Zugkraft, ab Baujahr 1978 bis 30 Tonnen Zugkraft, aufgebracht werden. Weiterhin gehörten eine Bugsiervorrichtung, eine Gasschweißausrüstung sowie eine Abschleppvorrichtung zur Ausrüstung des Fahrzeuges.

PZM T-55T in Arbeitslage, deutlich erkennbar das UF-Ausstiegsrohr auf dem Transportkasten.

Bergefahrzeug SPW-50PK (B)

Zur Sicherstellung der Bergung schwimmfähiger Panzertechnik von Wasserhindernissen wurden mehrere SPW-50PK zu Bergefahrzeugen SPW-50PK (B) umgerüstet. Sie waren für die Bergeeinheiten der Instandsetzungskompanien der MSR, ausgerüstet mit Schützenpanzer BMP, bestimmt. Dank der beiden Wasserstrahltriebwerke eignete sich der SPW-50PK (B) besonders gut für diese Aufgabe. Dazu erhielt das Fahrzeug eine zusätzliche Abschleppvorrichtung, unterschiedliche Abschleppseile sowie Spezialwerkzeuge, Schanzzeug und Ausrüstung für die Wasserbergung. So ausgerüstet konnte der SPW auch als »erste technische Hilfe« eingesetzt werden.

Umrüstungszeitraum	1987
Gefechtsmasse (t)	14,3
Besatzung	2
Abmessung L/B/H (mm)	7070 x 3140 x 2030
Bodenfreiheit (mm)	370
Basisfahrzeug	SPW-50PK
Panzer-MG	SGMB 7,62
Kampfsatz	1000
Watfähigkeit (m)	schwimmfähig
Fahrbereich Str./Gel. (km)	260/210
Höchstgeschwindigkeit (km/h)	44
Steigfähigkeit (Grad)	38
Bezeichnung Motor	W-6
Typ Motor	4-Takt-Diesel/R-6
Leistung (PS/kW)	240/176
Hubraum (l)	19,11
Kraftstoffvorrat gesamt (l)	250
Kühlung	Wasser/Ejektor
Federung	Drehstab

Bergefahrzeug SPW-50PK (B), die zusätzlichen Abschleppseile weisen auf die Verwendung hin.

Kranpanzer SPK-5

Leider gibt es zu dieser seltenen Ausführung des Kranpanzers auf Basis T-34/85 kaum Informationen. Die NVA erhielt 1964 eine einmalige Lieferung von sechs Kranpanzern SPK-5. Ursprünglich war der Import vom »Kran SPK-5 auf Panzerfahrgestell T-54« geplant, die Realität sah etwas anders aus. Eingesetzt wurden die SPK-5 in den sechs Divisions-Panzerwerkstätten.

Mit Hilfe des Kranes konnten unter feldmäßigen Bedingungen Panzertürme abgehoben werden, um zum Beispiel die Kanone auszuwechseln. Mit dem Kran konnten Gewichte, ohne Vorbereitung bis zu fünf Tonnen, mit angebauten Stützen bis zu zehn Tonnen, bei 360 Grad Schwenkradius gehoben werden. Der Antrieb des Kranes konnte wahlweise elektrisch, aber auch von Hand erfolgen.

Einführungszeitraum	1964
Gefechtsmasse (t)	28
Besatzung	2
Abmessung L/B/H (mm)	8000 x 3000 x 2700
Bodenfreiheit (mm)	400
Basisfahrzeug	T-34/85
Tragkraft Kran (kg)	5000
Watfähigkeit (m)	1,3
Fahrbereich Str./Gel. (km)	500/320
Höchstgeschwindigkeit (km/h)	50
Steigfähigkeit (Grad)	30
Bezeichnung Motor	W-2-34
Typ Motor	4-Takt-Diesel/V-12
Leistung (PS/kW)	500/368
Hubraum (l)	38,88
Kraftstoffvorrat gesamt (l)	920
Kühlung	Wasser/Lüfter
Federung	Schraubenfedern

KPz SPK-5 auf Panzerfahrgestell T-34/85, hier in Marschlage.

Kranpanzer T-55TK

Als Berge- und Schleppfahrzeug sowie als Kran kam der »Kran 20 Mp auf Panzerfahrgestell T-55A«, kurz T-55TK, in Regimenter, in Panzerwerkstätten und in Pioniereinheiten zum Einsatz. Die Wanne wurde vom T-55A übernommen, rechts neben dem Fahrer hatte der Kommandant mit Turm seinen Platz. Auf dem Turm kam das MG PKT-1, eine modifizierte Waffe mit Kimme und Korn, in Lafette zum Einsatz. Zur Ausrüstung gehörten der hydraulische Auslegerkran für 20 Tonnen Tragfähigkeit, eine 25 Mp Hauptseilwinde, die Planiereinrichtung BTU-55 mit Bugsiervorrichtung, eine Abschleppvorrichtung, eine Gasschweißausrüstung, ein Transportkasten für 1,5 Tonnen Zuladung sowie ein hydraulischer Heber für 25 Tonnen. Am Heck befand sich ein hydraulisch absenkbarer Rammsporn, der dem Fahrzeug beim Bergen von überschwer festgefahrenen Fahrzeugen sicheren Stand verlieh.

Einführungszeitraum	1968–1978
Gefechtsmasse (t)	42
Besatzung	3
Abmessung L/B/H (mm)	9740 x 3385 x 2900
Bodenfreiheit (mm)	380
Basisfahrzeug	T-55A
Panzer-MG	PKT-1 7,62
Kampfsatz	1250
Watfähigkeit (m)	1,4
Fahrbereich Str./Gel. (km)	600/345
Höchstgeschwindigkeit (km/h)	50
Steigfähigkeit (Grad)	28
Bezeichnung Motor	W-55A
Typ Motor	4-Takt-Diesel/V-12
Leistung (PS/kW)	580/425
Hubraum (l)	38,88
Kraftstoffvorrat gesamt (l)	1360
Kühlung	Wasser/Lüfter
Federung	Drehstab

KPz T-55TK in Arbeitsstellung.

KPz T-55TK in Marschstellung.

KPz T-55TK, immer wieder eine Attraktion bei den vielen Fahrzeugtreffen in den letzten Jahren.

Bergepanzer T-72TK

Zur Bergung und Unterstützung der Instandsetzung von mit Panzern T-72 ausgestatteten Einheiten, aber auch für Räumarbeiten und die technische Aufklärung der Räume von Gefechtshandlungen mit Panzern, einschließlich KC- und Pionieraufklärung, war dieser Bergepanzer ausgerüstet. Dazu besaß er einen 19 Tonnen Wippdrehkran mit Teleskopausleger, ein Planierschild mit Bugsiervorrichtung, eine Bergevorrichtung mit Seilhaspel, eine Haupt- und Hilfsseilwinde, eine Elektroschweiß-Ausrüstung sowie eine hydraulisch ankippbare Ladefläche für vier Tonnen Zuladung. Ein Arbeitstisch mit Anbauzelt ermöglichte die geschützte Arbeit unter allen Witterungsbedingungen. Der Kommandant hatte seinen Platz in der Kommandantenkuppel hinter dem Fahrer, der vorn links untergebracht war. Die Hauptseilwinde hatte die Möglichkeit, das Seil vorn oder hinten auszugeben. Wie auch der Panzer, verfügte der Bergepanzer über Seitenschürzen, die das Stützrollen-Laufwerk vor Beschädigungen bewahren sollten.

Einführungszeitraum	1989
Gefechtsmasse (t)	45,8
Besatzung	2
Abmessung L/B/H (mm)	8150 x 3460 x 2640
Bodenfreiheit (mm)	435
Basisfahrzeug	T-72M1
Tragkraft Kran (kp)	19000
Panzer-MG	NSWT 12,7
Kampfsatz	600
Watfähigkeit (m)	1,2
Höchstgeschwindigkeit (km/h)	60
Steigfähigkeit (Grad)	30
Bezeichnung Motor	W-46-6
Typ Motor	4-Takt-Vielstoff/V-12
Leistung (PS/kW)	780/575
Hubraum (l)	38,88
Kraftstoffvorrat gesamt (l)	-
Kühlung	Wasser/Lüfter
Federung	Drehstab

BPz T-72TK, vorn rechts der Kran, davor das Planierschild und darüber die vordere Seilausgabe der Hauptseilwinde.

BPz T-72TK, Heckansicht.

BPz T-72TK, dieses Fahrzeug gehört zum Bestand des Militärhistorischen Museums der Bundeswehr Dresden.

Gepanzerte Werkstatt GPW-76

Auf Grundlage der SFL SU-76M entwickelte das RWN die gepanzerte Werkstatt GPW-76, die den mobilen Einheiten auf dem Gefechtsfeld folgen konnte. Die Bewaffnung musste entfernt werden, da der Kampfraum für den Transport diverser Werkzeuge, Ersatzteile und verschiedenem Zubehör gebraucht wurde. Durch Aufsetzen der Bordwände entstand über Fahrer- und Kampfraum eine Ladefläche für weiteres Zubehör. Die eingesetzten Tandem-Benzinmotoren wurden gegen einen Dieselmotor mit dazugehörigem Getriebe getauscht. Zur Ausstattung gehörte ein Auslegerkran mit einer Tonne Nutzlast, eine abklappbare Werkbank, ein Elektroaggregat, eine Autogen-Schweißanlage und eine Pressluftanlage. Um auch bei schlechtem Wetter arbeiten zu können, führte die Werkstatt ein Zeltdach mit.

Umrüstungszeitraum	1957–1959
Gefechtsmasse (t)	11,5
Besatzung	3
Abmessung L/B/H (mm)	4965 x 2714 x 2100
Bodenfreiheit (mm)	300
Basisfahrzeug	SU-76M
Tragkraft Kran (kp)	1000
Watfähigkeit (m)	0,8
Fahrbereich Str./Gel. (km)	320/190
Höchstgeschwindigkeit (km/h)	30
Steigfähigkeit (Grad)	30
Bezeichnung Motor	EM-6-20
Typ Motor	4-Takt-Diesel/R-6
Leistung (PS/kW)	120/88
Hubraum (l)	9,84
Kraftstoffvorrat gesamt (l)	412
Kühlung	Wasser/Lüfter
Federung	Drehstab

GPW-76, gut zu erkennen die aufgesetzten Bordwände, rechts Elemente des Auslegerkranes.

GPW-76, Heckansicht.

GPW-76 in Arbeitslage mit Zeltplane zum Schutz der Besatzung.

Fahrzeug der technischen Hilfe MTP-LB

Technische Hilfeleistung, Bergung leichter Panzertechnik, Führen der technischen Beobachtung auf dem Gefechtsfeld bis hin zur Unterstützung anderer Besatzungen bei der Durchführung von Wartungs- und Instandsetzungsarbeiten, für diese Aufgaben entwickelte die NVA ein Fahrzeug der technischen Hilfe. Basisfahrzeug war der leicht gepanzerte schwimmfähige MT-LB ohne Turm, der mit einer umfangreichen Grundausstattung versehen wurde. Dazu gehörten die Anbringung eines Kranauslegers, der Einbau einer Seilwinde, die Ausrüstung mit einer autogenen Schweiß- und Schneideinrichtung, mehreren Abstützvorrichtungen, einer Behelfswerkbank und verschiedenen Anschlagmitteln. Die umfangreiche Aufgabenstellung führte dazu, dass drei Versionen des MTP-LB ausgerüstet wurden: SPz BMP, SPW-60PB und SPW-40P2 sowie MT-LB.

Umrüstungszeitraum	1981–1983
Gefechtsmasse (t)	12,3
Besatzung	2
Abmessung L/B/H (mm)	6800 x 2850 x 2300
Bodenfreiheit (mm)	395
Basisfahrzeug	MT-LB
Tragkraft Kran (kp)	1500
Watfähigkeit (m)	schwimmfähig
Fahrbereich Str./Gel. (km)	500/470
Höchstgeschwindigkeit (km/h)	55
Steigfähigkeit (Grad)	25
Bezeichnung Motor	JaMZ-238W
Typ Motor	4-Takt-Diesel/V-8
Leistung (PS/kW)	240/177
Hubraum (l)	14,86
Kraftstoffvorrat gesamt (l)	470
Kühlung	Wasser/Lüfter
Federung	Drehstab

Wassererprobung des ersten MTP-LB, hier noch mit Turm. Die weißen Markierungen zeigten die Wasserkante an.

MTP-LB mit SPz BMP-1SP2, abgeschleppt wurde mit Hilfe einer Abschleppvorrichtung.

Fahrzeug der technischen Hilfe MTP-LB. Der Kranausleger ist nach hinten abgeklappt, auf dem Heck der Transportkasten.

Fahrzeug der technischen Hilfe MTP-BMP

Auf dem Basisfahrgestell des SPz BMP-2 produzierte der Lizenznehmer aus der CSSR das Fahrzeug der technischen Hilfe MTP-BMP. Es sollte für die technische Aufklärung, die technische Hilfeleistung, Bergung und Instandsetzung auf dem Gefechtsfeld, in den Mot.-Schützen-Bataillonen (BMP) und den Aufklärungsbataillonen eingesetzt werden. Dazu erhielt das Fahrzeug einen Kran mit einer Tragfähigkeit von 6,5 Tonnen, eine Seilwinde mit einer Zugkraft von 12,5 Tonnen sowie verschiedene Funkgeräte und Unterbringungsmöglichkeiten für Werkzeuge und Ersatzteile.

Einführungszeitraum	1988–1989
Gefechtsmasse (t)	14,9
Besatzung	3
Abmessung L/B/H (mm)	7130 x 3140 x 2990
Bodenfreiheit (mm)	360
Basisfahrzeug	BMP-2
Panzer-MG	PKT 7,62
Kampfsatz	2000
Watfähigkeit (m)	schwimmfähig
Fahrbereich Str./Gel. (km)	600/420
Höchstgeschwindigkeit (km/h)	60
Steigfähigkeit (Grad)	35
Bezeichnung Motor	UTD-20/3
Typ Motor	4-Takt-Diesel/V-6
Leistung (PS/kW)	300/210
Hubraum (l)	15,9
Kraftstoffvorrat gesamt (l)	480
Kühlung	Wasser/Ejektor
Federung	Drehstab

MTP-BMP, Fahrzeug der technischen Hilfe.

MTP-BMP, am Bug ein abklappbares Schiebeschild, darüber die Seilausgabe der Seilwinde.

MTP-BMP, unverkennbar das Basisfahrzeug, der BMP-2.

Fahrausbildungspanzer FAP-500U

Umrüstungszeitraum	1981–1983
Gefechtsmasse (t)	20
Besatzung	3
Abmessung L/B/H (mm)	6220 x 3270 x 2340
Bodenfreiheit (mm)	450
Basisfahrzeug	Fla-SFL 57/2
Watfähigkeit (m)	1,4
Fahrbereich Str./Gel. (km)	420/320
Höchstgeschwindigkeit (km/h)	50
Steigfähigkeit (Grad)	30
Bezeichnung Motor	W-2-54-3kw
Typ Motor	4-Takt-Diesel/V-12
Leistung (PS/kW)	354/260
Hubraum (l)	38,88
Kraftstoffvorrat gesamt (l)	925
Kühlung	Wasser/Lüfter
Federung	Drehstab

Der FAP-500U diente der Sicherstellung von Fahrübungen bei der Ausbildung von Panzerfahrern und Panzerkommandanten. Die Herstellung des FAP-500U erfolgte durch Umrüstung und Modernisierung ausgesonderter Fla-SFL 57/2 durch das RWN. Für den Auszubildenden waren bei der Fahrt und bei der Wartung weitgehend ähnliche Bedingungen vorhanden wie beim mittleren Panzer T-55A. Der Fahrlehrer hatte günstige Sitzbedingungen und damit Übersicht über die Fahrstrecke. Auf der Deckplatte der Wanne wurde für den abgenommenen Turm eine Platte aufgesetzt, die die Kabine für den Fahrlehrer, aus glasfaserverstärktem Polyester gefertigt, trug. Zur Vermeidung von Verbeulungen an den vorderen und hinteren Kettenabdeckungen wurden die äußeren Teile aus Gummiplatten hergestellt, am Heck wurde ein Bergebalken mitgeführt. Um Verletzungen bei der Ausbildung zu vermeiden, mussten sich Fahrschüler und Fahrlehrer anschnallen.

FAP-500U, die vorderen Kettenabdeckungen sind aus Gummiplatten gefertigt.

Fahrausbildungspanzer FAP-575U und FAP-575UA

Einführungszeitraum	1977
Gefechtsmasse (t)	14
Besatzung	2
Abmessung L/B/H (mm)	6536 x 3125 x 1960
Bodenfreiheit (mm)	400
Basisfahrzeug	GM-575
Watfähigkeit (m)	1
Fahrbereich Str./Gel. (km)	325/290
Höchstgeschwindigkeit (km/h)	50
Steigfähigkeit (Grad)	30
Bezeichnung Motor	W-6M-1
Typ Motor	4-Takt-Diesel/R-6
Leistung (PS/kW)	280/206
Hubraum (l)	19,1
Kraftstoffvorrat gesamt (l)	521
Kühlung	Wasser/Ejektor
Federung	Drehstab

Der FAP-575U diente der Durchführung der panzertechnischen und Panzerfahrausbildung am Basisfahrzeug GM-575 der Fla-SFL 23/4. Das erste Fahrzeug wurde aus der UdSSR importiert, weitere Fahrzeuge fertigte das RWN aus ausgesonderten Fahrzeugen. Dazu wurden der waffentechnische Teil und Teile der Primärstromversorgung ausgebaut, der Fahrlehrer erhielt eine flache Kabine. Der FAP-575UA diente als technisches Ausbildungsfahrzeug der praxisverbundenen Ausbildung, ohne dafür komplette Fahrzeuge zu benutzen. Dazu wurden der Spezialaufbau und der funkmesstechnische Teil bei zwei ausgesonderten Fahrzeugen ausgebaut. Damit waren neben der Nutzung als Fahrschulpanzer auch Trainingsarbeiten zur Wartung und Instandsetzung, zum Beispiel am Laufwerk, an der Kraftübertragung oder an der elektrischen Anlage, möglich.

FAP-575U, aufgebaut auf dem Basisfahrzeug der Fla-SFL 23/4W1.

Fahrausbildungspanzer FAP-568U

Der Fahrausbildungspanzer FAP-568U wurde zur Panzerfahrausbildung an den Basisfahrzeugen des Fla-Raketenkomplexes »KUB« genutzt. Dazu wurden aus dem Basisfahrzeug GM-568 der Aufklärungs- und Leitstation 1A91M1 die komplette Feuerleitanlage ausgebaut und für den Fahrlehrer eine Kabine aufgesetzt. Da die vollständige Primärstrom-Versorgungsanlage intakt war, konnten Wartungs- und Instandsetzungsarbeiten vor allem an diesem System geübt werden.

Einführungszeitraum	1977
Gefechtsmasse (t)	16
Besatzung	3
Abmessung L/B/H (mm)	7070 x 3040 x 2480
Bodenfreiheit (mm)	400
Basisfahrzeug	GM-568
Watfähigkeit (m)	1
Fahrbereich Str./Gel. (km)	350/310
Höchstgeschwindigkeit (km/h)	50
Steigfähigkeit (Grad)	30
Bezeichnung Motor	W-6M
Typ Motor	4-Takt-Diesel/R-6
Leistung (PS/kW)	280/206
Hubraum (l)	19,1
Kraftstoffvorrat gesamt (l)	560
Kühlung	Wasser/Ejektor
Federung	Drehstab

FAP-568U.

Fahrausbildungspanzer FAP-172U

Umrüstungszeitraum	1988
Gefechtsmasse (t)	31,5
Besatzung	2
Abmessung L/B/H (mm)	6220 x 3270 x 2300
Bodenfreiheit (mm)	450
Basisfahrzeug	BLP-72
Watfähigkeit (m)	1,2
Fahrbereich Str./Gel. (km)	600/500
Höchstgeschwindigkeit (km/h)	70
Steigfähigkeit (Grad)	30
Bezeichnung Motor	W-46-6
Typ Motor	4-Takt-Vielstoff/V-12
Leistung (PS/kW)	780/575
Hubraum (l)	38,88
Kraftstoffvorrat gesamt (l)	1600
Kühlung	Wasser/Lüfter
Federung	Drehstab

Der FAP-172U, entwickelt in der Panzerwerkstatt-2, war für die Ausbildung von Fahrern der Panzer T-72, T-72M und T-72M1 sowie der BLP-72 und T-72TK vorgesehen. Genutzt wurden für diesen Zweck Fahrgestelle, die bei der Entwicklung des BLP-72 nicht mehr benötigt wurden. Bei diesen Fahrgestellen saß der Fahrschüler links im Wannenbug, was der Anordnung im BLP oder Kranpanzer gleich kam. Beim Kampfpanzer T-72 saß der Fahrer zwar mittig im Wannenbug, für die Fahrausbildung musste dies aber genügen. Der Fahrlehrer bekam eine Fahrerkabine ähnlich der des FAP-500U mit außen montierten Überrollbügeln.

FAP-172U, deutlich erkennbar die außen angebrachten Überrollbügel.

Eine letzte Frage noch

Im Oktober 1990 legte die NVA, so Harry Thürk, auf Weisung der Politik die Waffen nieder. Damit wurde ein Schlussstrich gezogen, der ewig währt. Im Typenkompass (Band 1 + 2) ist somit fast die komplette Panzertechnik der NVA aufgeführt, die bis zu diesem Zeitpunkt genutzt wurde. Es bleibt eine letzte Frage: »Wie sahen die Planungen der Ausrüstung der NVA mit PT für die nächsten fünf bis zehn Jahre aus?« Sicher, eine müßige Frage, aber trotzdem interessant.

Das für die Beschaffung neuer PT mitverantwortliche Gremium im »Warschauer Vertrag« war der **»Militärische Wissenschaftlich-Technische Rat«**, kurz MWTR genannt. Er setzte sich aus Delegationen sämtlicher Teilnehmerstaaten des WV zusammen und empfahl seinen Teilnehmerstaaten Technik und Ausrüstung, die in die Armeen aufgenommen werden können. Jeder Teilnehmerstaat konnte dem MWTR eigene Entwicklungs- oder Modernisierungsvorschläge von militärischer Technik unterbreiten. Für die Ausrüstung bis 1995 war die 37. Tagung im April 1988 in Budapest von großer Bedeutung.

Hier in Stichpunkten die wichtigsten Maßnahmen in Bezug auf PT:

- Panzereinheiten mit Panzern besserer Qualität ausrüsten, den Bestand an T-72 erhöhen und neue T-72S einführen
- Schützenpanzer BMP-2 und SPW-80 weiter bzw. neu in die Einheiten einführen
- Umrüstung der Granatwerferbatterien der MSB auf selbstfahrende 120-mm-GW »TUNDSCHA«
- Modernisierung des BMP 1 durch Umrüstung auf PALR »KONKURS«
- Modernisierung der Fla-SFL ZSU 23/4 und Zuführung der Fla-Raketen-Systeme »TOR« und »BUK« auf Divisions- und Armeeebene
- Fortsetzung der Ausrüstung der Divisionen mit Mitteln des automatisierten Feld-Führungssystems »PASUV« der taktischen Ebene
- weitere Ausrüstung der Einheiten der funk- und funktechnischen Aufklärung mit automatischen Komplexen R-381T »TARAN-1«
- Erhöhung der Effektivität der Führung des funkelektronischen Kampfes durch die Zuführung autonomer Störkomplexe R-378Ä auf MT-LBu
- neue technische Sicherstellungsfahrzeuge sowie Instandsetzungs- und Bergefahrzeuge auf Basis des T-72 oder des SPW-70
- Einführung neuer Minenstreu- und Minenräummittel

120-mm-GW-SFL »TUNDSCHA«

Startrampe 9A310M1 des Fla-Raketensystems »BUK M1«

Für die NVA schälten sich damit Mitte 1988 folgende konkreten Schwerpunkte heraus:
- Weiterführung der Modernisierung der T-55A zu T-55AM2 und T-55AM2B
- Weiterführung der Modernisierung der T-72 und T-72M zu T-72M1
- tiefgreifende Modernisierung der T-72M1 zu T-72M1M
- Weiterführung der Modernisierung des BMP-1SP2 zum BMP-1P(D)
- Beginn der Einführung SPW-80, weitere Zuführung BMP-2
- weitere Ausrüstung mit nach Lizenz gefertigten PALR »KONKURS«
- Beginn der Ausrüstung der NVA mit der 120-mm-GW-SFL »TUNDSCHA«
- Modernisierung der TLA mit Systemen »STRELA-10M3« und »BUK«

Unter »tiefgreifender Modernisierung des mittleren Panzers T-72M1« war die Umrüstung der Kanone zum Verschuss der PALR »SWIR« mit dazugehörigem Feuerleitkomplex und Wärmebildgerät zu verstehen. Da erhebliche Veränderungen am Turm vorgenommen werden mussten, konnte diese Modernisierung nur in den Herstellerwerken erfolgen.
Durch den Stellvertreter des Ministers und Chefs Technik und Bewaffnung wurde im November 1989 eine **Analyse der Altersstruktur von ausgewählter Kampftechnik, Bewaffnung und Ausrüstung** und, daraus abgeleitet, Aufgaben zur Aufrechterhaltung der Einsatzbereitschaft vorgelegt.
Aus den Empfehlungen des MWTR von 1988 und der Analyse der Altersstruktur von 1990 kann die »letzte Frage« zu den Plänen der Einführung von PT wie folgt beantwortet werden: Die Modernisierung der mittleren Panzer T-55A und T-72 sollte bis 1993 erfolgen. Die Einführung neuer Panzer T-72S war für den Zeitraum 1990 bis 1995 vorgesehen. An dieser

Startrampe 9A35M3 »STRELA 10M3«.

Stelle sei erwähnt, dass die Einführung des Kampfpanzers T-80 nie zur Diskussion stand. Die Panzerabwehr sollte durch die weitere Umrüstung von SPz BMP-1SP2 zum BMP-1P(D) mit PALR »KONKURS« erfolgen.
Die Ausrüstung der MSR und PR mit weiteren Fla-Raketenkomplexen »STRELA-10M3« war bis 1995 geplant. Durch die Einführung des Aufklärungs- und Führungssystems 9S80M1 »SBORKA« sollte die Wirksamkeit sämtlicher Fla-Systeme der Regimenter optimiert werden. Bis zum Jahr 2000 sollte der Fla-Raketen-Komplex »KUB« durch den Komplex »BUK« und der Fla-Raketen-Komplex »KRUG« durch den Komplex »TOR« komplett ersetzt werden. Mit der geplanten Einführung der Funkmessstation »KUPOL-M1« bis 1995 als Grundelement des Fla-Raketensystems »BUK« sollten die Grundlagen für diesen Austausch gelegt werden.
Die weitere Zuführung des Führungskomplexes »AFFS« für alle Divisionen sollte bis Mitte der 90er Jahre abgeschlossen werden. Sämtliche Einheiten, die mit der 122-mm-SFL-Haubitze 2S1 ausgerüstet waren, sollten bis 1995 mit dem Führungskomplex für die Feuerleitung 1W12-1 »MASCHINA« ausgerüstet werden. Für die Pioniertruppen war die Einführung des Minenlegers »SUM« ab 1991 geplant. Bis 1995 sollten die Einheiten der Chemischen Dienste den Komplex zur Ortung von Kernwaffendetonationen K-612KA auf Basis MT-LB erhalten. Für die Nachrichtentruppen war der Einsatz des Funkstörgerätesatzes R-378 auf MT-LBu zwischen 1991 und 1995 vorgesehen.

Aufklärungs- und Führungsstelle 9S80M1 »SBORKA«.

Startrampe 9A331M1 des Fla-Raketen-systems »TOR-M1«.

Aufklärungs- und Zielzuweisungsstation 9S18M1 »KUPOL-M1«, dahinter Startrampe vom System »BUK M1«.